U0255899

普通高等教育"十三五"规划教材

机械产品测绘与三维设计

主　编　杨放琼　赵先琼
副主编　许良琼　汤晓燕　袁望姣
参　编　夏建芳　云　忠　徐绍军　彭高明
主　审　尚建忠

机械工业出版社

本书是为了适应信息化时代对机械专业人才设计技术的需求,将零部件测绘与三维设计内容相融合编写而成的。

本书紧紧围绕该课程的目的和要求,弱化软件操作,强调设计方法,内容精炼,信息面广。全书分为两篇:第1篇为机械零部件测绘,主要内容包括:概述、典型零件的测绘、典型机械部件的测绘与设计;第2篇为SolidWorks三维设计,主要内容包括:SolidWorks软件基础、参数化草图绘制、零件基础特征、零件工程特征与特征编辑操作、装配设计和工程图设计。

本书可作为普通高等院校机械类相关课程教学用书或者课程设计、毕业设计教学参考书,也可作为机械设计工程技术人员的参考用书。

图书在版编目(CIP)数据

机械产品测绘与三维设计/杨放琼,赵先琼主编. —北京:机械工业出版社,2018.5(2024.7重印)

普通高等教育"十三五"规划教材

ISBN 978-7-111-59867-1

Ⅰ.①机… Ⅱ.①杨… ②赵… Ⅲ.①机械元件-测绘-高等学校-教材②机械设计-计算机辅助设计-应用软件-高等学校-教材 Ⅳ.①TH13②TH122

中国版本图书馆 CIP 数据核字(2018)第 084228 号

机械工业出版社 (北京市百万庄大街 22 号 邮政编码 100037)
策划编辑:舒 恬 责任编辑:舒 恬 朱琳琳 责任校对:陈 越
封面设计:张 静 责任印制:单爱军
北京虎彩文化传播有限公司印刷
2024 年 7 月第 1 版第 5 次印刷
184mm×260mm · 12.5 印张 · 306 千字
标准书号:ISBN 978-7-111-59867-1
定价:32.00 元

凡购本书,如有缺页、倒页、脱页,由本社发行部调换
电话服务 网络服务
服务咨询热线:010-88379833 机工官网:www.cmpbook.com
读者购书热线:010-88379649 机工官博:weibo.com/cmp1952
教育服务网:www.cmpedu.com
封面无防伪标均为盗版 金 书 网:www.golden-book.com

前　言

随着计算机技术的发展，制造业信息化使得传统的设计制造方法发生了颠覆性的变革，随之而来的是设计理念、设计方法都发生了深刻的变化。目前，以智能制造为主导的制造业升级已经到来，设计领域正面临着由传统设计向现代设计的过渡。以 CAD 为例，三维 CAD 设计制造技术的出现，不仅使人们直接进行三维设计成为可能，而且从真正意义上实现了以产品几何模型为核心的 CAD/CAPP/CAM 一体化设计。针对这一现状，为满足社会对机械专业人才现代设计技术的需求，编写适合机械类专业的机械产品测绘与三维设计教材迫在眉睫。

由于各个高校具有不同的传统和特色，"机械产品测绘与三维设计"课程并没有统一的教材和教学内容。教材是为了满足当前高等教育教学的实际需求，并根据工程图学指导委员会对教学的基本要求编写而成的，在内容上将传统的手工测绘、仪器作图与计算机建模、三维造型结合起来，是编者近几年来教学改革成果与经验的结晶。教材主要特色如下：

● 以机械产品为主线实现由 2D 到 3D 的双向式教学并贯穿始终。首先对产品进行零部件的测绘与 2D 草图的绘制，然后利用 SolidWorks 软件进行 3D 建模与虚拟装配，最后由 3D 模型生成 2D 工程图，实现由 2D 到 3D，再由 3D 到 2D 的双向式教学。

● 运用三维软件充分展示基本体、零件、装配体的设计方法，软件介绍着重于讲原理、讲方法；通过结构分析，直观、形象、生动地引导学生认识二维工程图的特征和原理，将现代设计思想和现代设计方法贯穿于整个教学过程中。

● 结合高等教育教学的实际情况对教材内容进行了优化，将陈述性知识与过程性知识整合、理论知识学习与实践技能训练整合、专业能力培养与职业素质培养整合、工作过程与学生认知心理过程整合，重构了体现机械零部件的图样识读、产品造型、产品测绘的工作过程的知识与技能体系，实现了理论与实践的一体化、"教、学、做"的一体化。

本书可作为普通高等院校机械类相关课程教学用书或者课程设计、毕业设计教学参考书，也可作为机械设计工程技术人员的参考用书。

本书由杨放琼、赵先琼担任主编，许良琼、汤晓燕、袁望姣担任副主编。编写分工为杨放琼（第 1、2、3、6 章）、赵先琼（第 9 章）、许良琼（第 7 章）、汤晓燕（第 8 章）、袁望姣（第 4、5 章）。此外，夏建芳、云忠、徐绍军、彭高明还参与本书的稿件整理、课件制作、模型生成等工作。本书由国防科技大学尚建忠教授担任主审。

由于编者水平及认知的局限，加上时间仓促，错误和不当之处在所难免，敬请广大同仁及读者指正。

编　者

目　　录

第1篇　机械零部件测绘

第 1 章

概　述

　　根据已有产品（部件或零件），借助测量工具或仪器对零件测量，绘制出零件草图并整理出零件工作图和部件装配图的过程称为零部件测绘。如测绘对象为单个零件，则称为零件测绘，需绘制零件草图和相应的零件工作图；如测绘对象为部件（若干零件装配而成），则称为部件测绘，应先对部件进行分析和拆卸，绘制出部件的装配示意图，再对所属的零件进行测绘，最后整理出零件工作图和部件装配图。零部件测绘在设计、仿制和机械设备的修配等方面起着重要作用，对即将从事机械工程领域的本科学生，零部件测绘是对机械制图课程的综合运用和全面训练，也为后续的机械设计等课程的学习奠定基础，起着承上启下的作用。

1.1　机械零部件测绘的概念

1.1.1　零部件测绘的内容

1. 零件草图的绘制

　　零件草图通常是在测绘现场以徒手、目测实物大致比例画出的零件图。草图绘制是零部件测绘的基本任务之一，也是工程师的一项基本技能。零件草图除对线宽和比例不做严格要求外，其他要求与零件工作图的要求完全一致。草图内容也包含了一组视图、尺寸标注、技术要求和标题栏四个部分。

2. 部件装配示意图的绘制

　　装配示意图通常也是在测绘现场随机器或部件的拆卸过程所绘制的记录图样，是绘制装配图和重新进行装配的依据，是零部件测绘的基本任务之一。它的目的是表达部件间各零件的相对位置、装配与连接关系、传动路线等。

3. 零件三维建模与工作图绘制

　　零件工作图是在草图的基础上，对草图进行重新整理和修改完善后绘制的零件正式图样。零件有些结构还需要设计计算或选用执行有关标准，因此从零件草图到零件工作图绝不是简单的重复照搬，而是重新思考并不断修改完善的过程。根据零件草图，可以利用三维设计软件构建三维零件模型，在建模过程中对零件结构尺寸修改完善，再生成二维零件工作图。

4. 虚拟装配与装配图绘制

装配图是在装配示意图和零件工作图的基础上绘制而成的，是测绘的基本任务。装配图主要表达部件的装配原理、装配关系和主要零件的结构形状，利用三维设计软件进行虚拟装配，然后生成二维装配图。在虚拟装配过程中，如发现零件之间产生装配干涉或其他问题，应及时对零件三维结构进行修改，重新生成零件二维工程图。

1.1.2　零部件测绘与三维设计课程的性质、目的与要求

1. 课程性质

零部件测绘与三维设计课程是机械类专业学生必修的技术基础课，也是一门实践性较强的课程。它既是对前面所学知识如工程制图、制造工程训练、互换性与技术测量等课程的综合运用，又为后续专业课程的学习打下基础。

随着计算机技术的发展，制造业信息化使得传统的设计制造方法发生了颠覆性的变革，随之而来的是设计理念、设计方法都发生了深刻的变化。目前，以智能制造为主导的制造业转型已经到来，设计领域正面临着由传统设计向现代设计的过渡。以 CAD 为例，三维 CAD 设计制造技术的出现，不仅使直接进行三维设计成为可能，而且从真正意义上实现了以产品几何模型为核心的 CAD/CAPP/CAM 一体化设计。这就要求机械设计及制造相关课程必须强调理论知识与实践训练的紧密结合。本课程将传统的手工测绘、仪器作图与计算机建模、三维造型结合起来，符合当今社会对机械类创新人才的需求。

2. 课程目的

该课程的目的是运用现代设计技术手段，在传统设计方法的基础上进行机械设备数字化设计、分析能力以及面向现代工程的图形表达、测绘能力的培养，同时为后续的"机械设计""机械数字化设计""面向制造和装配的产品设计"等课程的学习奠定良好的基础，使学生具备面向工程实践的完整综合设计能力，同时通过分工协作等方式，培养学生的协作能力和团队合作精神。

3. 学习方法与教学方式变革

1）传统技能与 CAD 三维设计交叉渗透。采用二维手工草绘与三维计算机建模相结合的学习方式，使学生在由部件到零件、零件到部件的过程中不断完善设计方案，实现由 2D 到 3D，再由 3D 到 2D 并行的双向式教学。

2）开放互动式课堂环境。打破传统教师讲授方式，给学生营造一个轻松、互动的课堂氛围，采用生生互动、师生互动等多种形式，让学生在讨论的过程中掌握课程的知识点，鼓励学生多动脑、多动手、多讨论、多构型，在实践的过程中不断完善。培养学生的学习兴趣，激发学生的学习主动性。

3）团队式合作。学生采取自由组合、分工协作的方式完成测绘任务，先完成各自的零件测绘和构型，然后进行组内装配，绘制零件工作图和装配图，最后统一进行图样的编号、整理图样并装订成册，撰写测绘设计报告。培养学生的协作能力和团队合作精神。

1.2　零部件测绘方法

测绘，顾名思义，测量和草绘的简称。应当先草绘，然后再测量，切不可先测量再草

绘，或者边测边绘。具体来说，首先根据目测实物，选择适当的比例和图纸大小，在图纸上画出表达该零件所需的视图，然后进行尺寸标注，通过测量注上尺寸数字。

零部件测绘需要掌握零部件拆卸与装配示意图的绘制、零件草图绘制、零件测量与量具使用等方法。

1.2.1 零部件拆卸与装配示意图绘制方法

1. 零件拆卸方法

在测绘零件之前，先要对部件进行拆卸，拆卸零件应当采用以下方法：

1）使用合适的拆卸工具，对于不可拆的连接（焊接、铆接、过盈配合）一般不应拆开；对于较紧的配合或者不拆也可以测量的零件尽量不拆，以免破坏零件之间的配合精度，节省测绘时间。

2）拆卸下来的零件要及时编号，加上号签，妥善保管，防止螺钉、垫片、键、销等小零件丢失；对重要的高精度零件要防止碰伤、变形和生锈，以便再次装配时仍能保证部件的性能和精度要求。

3）对于结构复杂的部件，为了便于装配复原，最好在拆卸时画出装配示意图。

2. 装配示意图绘制方法

装配示意图的画法没有严格规定，通常用简单的线条画出零件大致轮廓，有些零件可参考机构运动简图符号，可查阅机械制图相关的国家标准，螺纹连接、轴承、弹簧可采用示意图形画出。为了表达部件的内部，通常将部件看成透明体，既要画出外部轮廓，又要画出内部结构。另外，还需注意以下方面：

1）装配示意图尽量将所有零件集中在一个视图上表达出来，实在无法表达时，才画第二个视图，并与第一个视图保持投影关系。

2）相邻零件接触面之间最好留出空隙，以便区分零件。

3）应按顺序编写零件序号，并在图样的适当位置上按序号注明零件的名称及数量。图 1-1 所示为滑动轴承的装配示意图。

1.2.2 零件草图绘制方法

零件草图是零件进行零件三维造型和装配，以及生成零件图和装配图的原始资料和主要依据。因此，草图不等于潦草，除线宽和比例不做严格

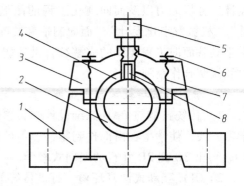

图 1-1 滑动轴承装配示意图

1—轴承座 2—下轴衬 3—轴承盖 4—上轴衬
5—油杯 6—螺母 7—螺栓 8—轴衬固定套

要求外，草图上的线型、尺寸标注、字体和标题栏等均需按照国家标准的规定绘制。

由于零件草图的尺寸需要凭肉眼来判断，图样上的尺寸与实物尺寸之间不可能保持严格的比例关系，因此，只要求零件草图与实物在大体上保持某一比例即可。但在同一图样中，图形各个方向的尺寸比例应尽量协调一致。

1. 草图绘制应注意的问题

1）对所有非标准件都要进行草图绘制。绘制草图时，零件所有的工艺结构都应画出，

如铸造零件的铸造圆角，毛坯表面的凸台、凹坑，轴和孔的倒角、退刀槽、砂轮越程槽等。但制造时产生的误差或缺陷不应画在图上，如形状不太对称，圆形不圆、不同心，砂眼裂纹等。

2）注意零件测绘的优先顺序。由于零件间存在相互关联，零件的尺寸标注要相互参照，因此在测绘零件时，应按照"基础件→重要零件→相关度高零件→一般零件"的顺序进行测绘。

基础件一般比较复杂，与其他零件相关度较高，故应优先测绘，如液压泵的泵体、阀门的阀体等。

重要零件如轴类零件，齿轮轴、齿轮、曲轴、传动轴等，也应优先测绘。

3）测绘时要同时做好记录。配备专门的工作记录本，对难以确定的问题、实测时发现的疑点、难以理解的结构等进行记录，作为后续各阶段重要的参考资料。

2. 草图绘制技巧

徒手绘图时，图纸不需要固定，可在方格纸或标准绘图纸上进行。手握笔的位置要比用绘图仪绘图时略高，这样有利于运笔和观察目标。笔杆与纸面成 45°~60°角，一般选用 HB 或 B 型铅笔。

1）直线画法。画直线时，要注意手指和手腕执笔的力度，小手指要靠着纸面，握笔的手要放松，手腕靠着纸面，沿着画线方向移动，眼睛注视线条的终点方向，便于控制图线。画水平线时，可将图纸转动到画线最为顺手的位置；画垂直线时，自上而下运笔；画斜线时，可以转动图纸到便于画线的位置。画短线常用手腕运笔，长线则是手臂动作。图 1-2 分别给出了画水平线、垂直线、斜线的运笔方向。

2）圆和椭圆的画法。画圆时，应先画出对称中心线，确定圆心的位置，在对称中心线距圆心等半径处分别截取四点，过四点画圆即可；画直径较大的圆时，可再过圆心画两条不同方向直线，按半径目测定出八点，过八点画圆，如图 1-2 所示。

画椭圆时，可先绘制椭圆的两条对称中心线，确定椭圆的圆心；然后根据椭圆长短轴在对称中心线上截取相应的四点，经过四点画一矩形，将矩形对角线六等分，再连接长短轴端点与对角线靠外等分点画椭圆，如图 1-2 所示。

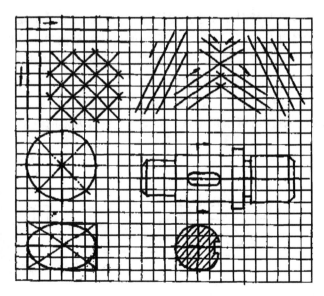

图 1-2　图线练习与平面图形绘制

3）平面图形的画法。绘制较为复杂的平面图形时，应先分析图形的结构特点和尺寸关系，如图形是对称的，则应先绘制对称线、圆的中心线、轴线等，再画已知线段或圆弧，最后画连接线段。图形各方向的比例应尽量协调一致。图 1-2 所示为徒手绘制的轴以及断面的示例。

1.2.3 零件测量与量具使用方法

测量零件尺寸的简单工具有钢直尺、外卡钳和内卡钳，而测量较精密的零件时，要用游标卡尺、千分尺或其他工具。直尺、游标卡尺、千分尺测量是可以直接读数的，而用内、外卡钳测量时，必须借助直尺才能读出零件的尺寸。常用测量工具如图 1-3 所示。

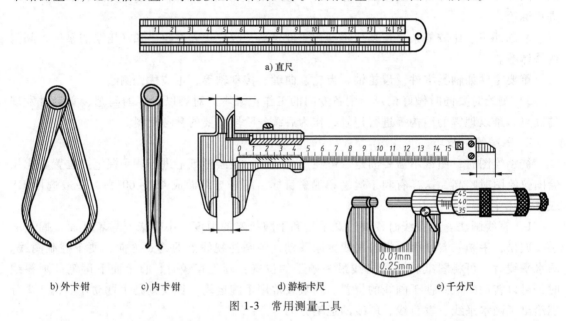

a) 直尺

b) 外卡钳　　　c) 内卡钳　　　　　d) 游标卡尺　　　　　e) 千分尺

图 1-3　常用测量工具

零件测量时要注意测量顺序，先测量各部分的定形尺寸，再测量定位尺寸。同时应考虑零件各部分的精度要求，将粗略的尺寸和精度要求高的尺寸分开测量。对于某些不便直接测量的尺寸，可在测量相关数据后，再利用几何知识进行计算。

1. 几种常用的测量方法

1）直线尺寸（长、宽、高）一般用直尺测量，也可用三角板配合直尺测量。如果要求精确，则用游标卡尺测量，如图 1-4 所示为轴的长度尺寸测量。

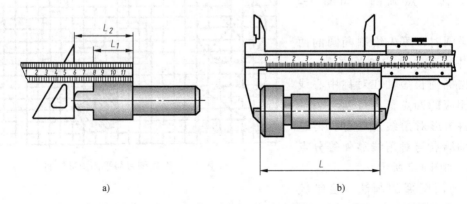

a)　　　　　　　　　　　　　　　　　b)

图 1-4　轴的长度尺寸测量

2）回转体直径一般可用卡钳、游标卡尺或千分尺，如图 1-5 所示。

3）壁厚可用直尺测量，或用卡钳和直尺测量，如图 1-6a 所示。

4）测量孔间距可用游标卡尺、卡钳或直尺测量，如图 1-6b 所示。

5）中心高一般可用直尺、卡钳或游标卡尺测量，如图 1-6c 所示。

6）圆角一般用圆角规测量。每套圆角规有很多片，一半测量外凸圆角，一半测量内凹圆角，每片刻有圆角半径的大小。测量时，只要在圆角规中找到与被测部分完全吻合的一片，从该片上的数值可知圆角半径的大小，如图 1-6d 所示。

7）角度可用量角规测量，如图 1-6e 所示。

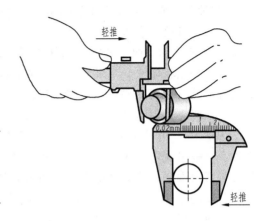

图 1-5　回转体的直径测量

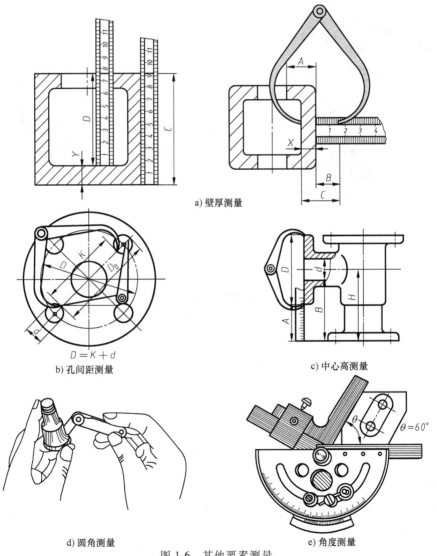

a) 壁厚测量

$D = K + d$

b) 孔间距测量

c) 中心高测量

d) 圆角测量

e) 角度测量

图 1-6　其他要素测量

8）测量曲线或曲面要求精度很高时，必须用专门的测量仪器进行测量。要求不高时，常采用以下三种测量方法：

① 拓印法。对于泵盖或零件凸缘外形的圆弧连接曲线，直接测绘有困难时，若精度要求不高，可采用拓印法。在泵体或凸缘的表面上涂上一层薄的红丹粉，再放在白纸上拓印出它的轮廓形状（也可用硬纸板和铅笔描画），然后在白纸上直接测量，定出轮廓部分各圆弧的尺寸，如图1-7a所示。

② 铅丝法。当零件的表面是由曲线回转而成时，为求曲线的曲率半径，可用软铅丝沿该零件上某根素线弯曲成形，再将铅丝放平在纸上勾画出该素线的轮廓，然后用中垂线法求得各段圆弧的中心，从而量得半径，如图1-7b所示。

③ 坐标法。用钢直尺或三角板定出曲线和曲面上各点的坐标然后按坐标在图纸上定出各点，用曲线板依次连成曲线，再求出曲率半径如图1-7c所示。

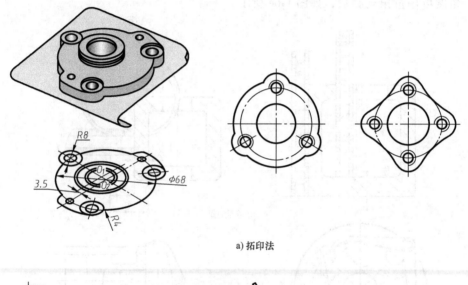

a) 拓印法

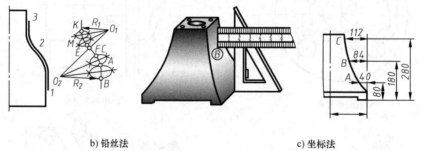

b) 铅丝法 c) 坐标法

图1-7 曲线或曲面测量

2. 螺纹的测量

1）螺距测量。螺距可用螺距样板测量，如图1-8所示。螺距样板由多种标准螺纹牙型样板组成，在每片上标注着各自的螺距，每片样板均采用0.5mm厚的不锈钢板制成。

2）大径、长度测量。用游标卡尺可以直接测出外螺纹的大径和长度。内螺纹大径的测量可通过与之旋合的外螺纹大径确定。

3）目测螺纹的线数和旋向。

4）将测得的数值与标准手册核对，选取与之相近的标准数值，确定螺纹标记。

3. 齿轮的测量

测绘齿轮时，除轮齿部分外，其余部分的测量方法与一般零件相同。对于轮齿部分，主要是确定模数 m 和齿数 z，其他尺寸可通过计算得出。标准直齿圆柱齿轮的测量方法如下：

1）数出齿数 z。

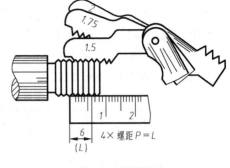

图 1-8 螺距测量

2）量出齿顶圆直径 d_a。当齿数为偶数时，齿顶圆直径可直接量出，如图 1-9a 所示；当齿数为奇数时，$d_a = 2e + d$，如图 1-9b 所示。

3）初算被测齿轮的模数。根据公式 $m = \dfrac{d_a}{2+z}$，可算出齿轮模数。

4）修正模数。当初算的模数与标准模数不符时，先检查齿数是否正确，齿顶圆直径是否测量准确；若无差错，则可考虑是由测量而产生的精度误差，选取相近的标准数值作为被测齿轮的模数 m。

5）计算齿轮尺寸。根据标准模数和齿数，重新算出齿顶圆直径，并算出分度圆、齿根圆直径。

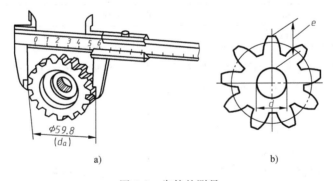

a)   b)

图 1-9 齿轮的测量

1.2.4 尺寸圆整

由于零件存在着制造误差、测量误差以及使用过程中的磨损，按实际测量的尺寸往往不成整数，绘制零件工作图时，根据零件的实测值推断原设计尺寸的过程称为尺寸圆整。它包括确定公称尺寸和尺寸公差两方面的内容。

在机器测绘中常用两种圆整方法：设计圆整法和测绘圆整法。设计圆整法是最常用的一种尺寸圆整法，其方法基本上是按照设计的程序，即以实测值为基本依据，参照同类产品或类似产品的配合性质及配合类别，确定公称尺寸和尺寸公差。本节主要介绍设计圆整法。

1. 优先数和优先数系

尺寸圆整首先要进行数值优化，数值优化是指各种技术参数数值的简化和统一，设计制造中所采用的数值，必须为国家标准推荐使用的优先数。

GB/T 321—2005 规定的优先数系是由公比为 $\sqrt[5]{10}$、$\sqrt[10]{10}$、$\sqrt[20]{10}$、$\sqrt[40]{10}$ 和 $\sqrt[80]{10}$，且项值中含有 10 的整数幂的几何级数的常用圆整值。各数列分别用 R5、R10、R20、R40 和 R80 表示，称为 R5 系列、R10 系列、R20 系列、R40 系列和 R80 系列，其中前四个系列为常用的基本系列，见表 1-1，R80 为补充系列。

表 1-1　优先数系的基本系列 （GB/T 321—2005）

R5	R10	R20	R40	R5	R10	R20	R40	R5	R10	R20	R40
1.00	1.00	1.00	1.00			2.24	2.24		5.00	5.00	5.00
			1.06				2.36				5.30
		1.12	1.12	2.50	2.50	2.50	2.50			5.60	5.60
			1.18				2.65				6.00
	1.25	1.25	1.25			2.80	2.80	6.30	6.30	6.30	6.30
			1.32				3.00				6.70
		1.40	1.40		3.15	3.15	3.15			7.10	7.10
			1.50				3.35				7.50
1.60	1.60	1.60	1.60			3.55	3.55	8.00	8.00	8.00	8.00
			1.70				3.75				8.50
		1.80	1.80	4.00	4.00	4.00	4.00			9.00	9.00
			1.90				4.25	10.00	10.00	10.00	10.00
	2.00	2.00	2.00			4.50	4.50				
			2.12				4.75				

按公比计算出的优先数的理论值一般是无理数，工程中不能直接应用，实际应用的是经过圆整后的常用值，取三位有效数字，表 1-1 列出了 1~10 范围内基本系列的常用值。将这些值乘以 10，100，…，或乘以 0.1，0.01，…，即可向大于 10 和小于 1 两边无限延伸，得到大于 10 或小于 1 的优先数。

优先数系主要用于下列情况：

1）用于产品几何参数、性能参数的系列化。通常，一般机械的主要参数按 R5 或 R10 系列设计，如立式车床主轴直径、专用工具的主要参数尺寸都按 R10 系列设计；通用型材、零件及工具的尺寸和铸件壁厚按 R20 系列设计；锻压机床吨位按 R5 系列设计。

2）用于产品质量指标分级。在工程制图所涉及的有关标准中，诸如尺寸分段、公差分级及表面粗糙度参数系列等，基本上采用优先数。

选用优先数系基本系列时，应遵守先疏后密的规则，即应当按照 R5、R10、R20、R40 的顺序，优先采用公比较大的基本系列，以免规格过多。设计任何产品，其主要尺寸及参数应有意识地采用优先数，使其在设计时就纳入标准化轨道。

2. 常规设计的尺寸圆整

常规设计是指标准化的设计，它是以方便设计制造和良好的经济性为主的。常规设计的尺寸圆整，一般都应将全部实测尺寸按 R10、R20 和 R40 系列圆整成整数；对于配合尺寸，公称尺寸按照国家标准圆整成整数，然后根据实测的孔和轴的尺寸大小，得出其配合关系

（间隙配合、过盈配合或过渡配合），按照基孔制原则以及孔的标准公差比轴低一级，确定孔、轴的公差代号，查表得出具体公差数值。

3. 非常规设计的尺寸圆整

公称尺寸和尺寸公差数值不一定都是标准化数值。尺寸圆整的一般原则是：性能尺寸、配合尺寸、定位尺寸在圆整时，允许保留到小数点后一位；个别重要尺寸和关键尺寸，允许保留到小数点后两位；其他尺寸则圆整为整数。圆整尺寸时，采取四舍六入五单双法，即尾数删除时，逢四以下舍，逢六以上进，遇五则以保证偶数的原则决定进舍。例如，19.6 应圆整成 20，25.3 应圆整成 25，37.5 和 34.5 应分别圆整成 38 和 34。

4. 测绘中的尺寸协调

测绘时，不仅要考虑部件中零件与零件之间的关系，而且还要考虑部件与部件之间，部件与零件之间的关系，所以在测量尺寸时，必须把装配在一起的或装配尺寸链中的有关零件一起测量，测出结果加以比较，最后一并确定公称尺寸和尺寸偏差。

1.2.5　零部件测绘的步骤

1. 测绘准备工作

1）测绘工具准备。拆卸工具、量具、检测仪器、绘图用具。

2）测绘场地准备。做好场地的清洁工作。

2. 了解测绘对象

在正式测绘前，仔细阅读测绘实验指导书，全面细致地了解被测零部件的名称、用途、工作原理、性能指标、结构特点以及各零件间的装配关系、连接关系。

3. 拆卸零件

拆卸零件必须按顺序进行，拆卸过程中，要弄清各零件的名称、作用和结构特点，对拆下的每一个零件都要进行编号、分类和登记。

4. 绘制装配示意图

按照前述方法绘制装配示意图。

5. 绘制零件草图

部件拆卸完成后，要画出部件中除标准件外的每一个零件的草图。零件草图内容与正规零件图内容一样，包括一组视图、尺寸、技术要求、标题栏，因此零件草图的绘制应遵循以下步骤：

1）视图绘制。根据零件的类型，选择恰当的表达方案、视图数量等，根据目测估计确定各视图的位置，画出各视图的基准线、中心线、轴线或对称线等；然后绘制零件的主要轮廓、内外部结构形状；最后绘制零件的细部结构，完成视图。

2）确定长、宽、高三个方向的尺寸基准，根据基准引出尺寸界线、尺寸线和箭头，最后测量尺寸，注写尺寸数字。孔轴之间有配合的地方还应根据配合类型确定孔（或轴）的基本偏差与标准公差等级，然后查表得出孔（或轴）的极限偏差数值。

3）技术要求。零件的表面结构要求、几何公差等可以按照国家标准规定在图纸恰当位置注出；材料热处理要求，未注圆角、倒角等其他不能用符号表示的技术要求一般在图纸空白位置用文字注写。

4）标题栏。填写标题栏，完成草图。

对于标准件不需要绘制零件草图，但要单独列出明细表。

6. 零件的三维建模

根据零件草图，在计算机上可利用三维 CAD 软件对零件进行三维造型。在进行三维造型时，应注意发现并修正零件草图中的不合理结构，调整零件的尺寸，以便为零件装配和生成零件工作图提供正确的依据。

7. 零件的三维虚拟装配，生成装配体

根据零件的三维模型，在计算机上进行虚拟装配，生成装配体部件。在装配过程中，应注意零件结构形状的不合理之处，及时修改。对不合理的零件间公差配合尺寸、连接及装配尺寸也应及时修改完善，为生成零件工作图和装配图提供正确依据。

8. 生成零件二维工作图

利用三维 CAD 设计软件，将三维零件模型生成对应的二维零件工作图。

9. 生成装配图

利用三维 CAD 设计软件，将三维装配体生成对应的二维装配图。

在以上步骤中，步骤 1~5 为零部件测绘，在测绘现场进行，步骤 6~9 在计算机上利用相关的机械三维设计软件完成。本书以 SolidWorks 三维软件为工具，在第 2 篇详细介绍该软件的操作和使用方法。

以上步骤可以分为两个阶段，从测绘准备到绘制零件草图为零部件的现场测绘阶段；从零件三维造型到最后生成装配图为计算机造型与虚拟装配阶段。零部件测绘的步骤如图 1-10 所示。

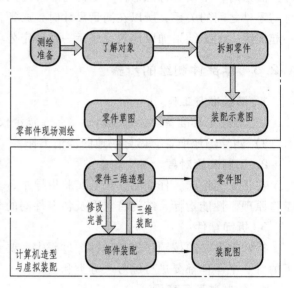

图 1-10　零部件测绘的步骤

1.3　图样整理与测绘报告撰写

测绘工作完成后，要对已经测绘的全部图样、测绘笔记、计算数据等进行整理，对图样按要求进行编号，填写在标题栏"图样代号"的位置，并在此基础上进行零件三维建模与装配，生成正规零件图和装配图，最后撰写零部件测绘的报告。

1.3.1　图样编号与整理

1. 图样编号

图样的编号一般有分类编号和隶属编号两大类。JB/T 5054.4—2000《产品图样设计文件　编号原则》规定了产品图样和设计文件的编号方法。

零件图的编号一般是产品的隶属编号，即按产品、部件、零件的隶属关系编制的号码，如图 1-11 所示。隶属编号由产品代号和隶属号组成，中间可用圆点或短横线隔开，必要时可加尾注号。产品代号由字母和数字组成；隶属号由数字组成，其级数和位数应按产品结构

的复杂程度而定。

　　零件的代号，应在其所属（产品或部件）的范围内编号，最后数字间的隔断符号为"—"（横线）。

　　部件的代号，应在其所属（产品或上一级部件）的范围内编号，所有数字间的隔断均为"·"（圆点）。

　　零件图的图样代号应与装配图中该零件的"代号"一栏的内容一致。

2. 图样整理

　　现场测绘及计算机三维造型完成后，生成正规零件图和部件装配图，学生应按要求打印零件

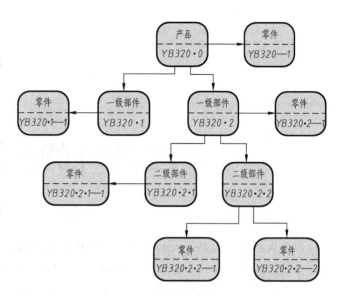

图 1-11　零部件隶属编号方法

图和装配图的正式图样，经同学校核和老师审定后在标题栏相应位置签名。建议在"设计"栏签上学生姓名，"审核"栏由教师签名。

　　最后，将图样按规定折叠成 A4 或 A3 的规格，使标题栏露在外面，并装订成册。图纸折叠方法参见 GB/T 10609.3—2009《技术制图　复制图的折叠方法》中的有关规定。

1.3.2　测绘报告的撰写

　　测绘报告是以书面形式对零部件现场测绘与计算机建模所做的总结，通常根据零部件测绘的内容，按步骤顺序来表述。报告要求文字简洁、内容完整、阐述清楚，为后续课程设计、毕业设计的论文撰写打下基础。主要内容包括：

　　1）说明部件的作用和工作原理。

　　2）分析部件装配图表达方案的选择理由，并说明各视图的意义。

　　3）说明各零件的装配关系以及各种配合尺寸的含义、选择该配合的理由、零件之间的相对位置和安装形式。

　　4）装配图技术要求与尺寸确定依据。

　　5）零件图上的结构合理性分析、工艺结构的表达、技术要求、尺寸标注与尺寸基准的选择、材料的选择。

　　6）零部件测绘的体会与总结。

第2章

典型零件的测绘

由于零件在机械或部件中的作用和标准化程度不同，其结构形状也千差万别，一般将零件分为非标准件和标准件。非标准件又根据其结构分为轴套类、轮盘类、叉架类和箱体类四种类型。测绘时，应首先将零件进行归类，然后按照不同类型，选取恰当的表达方案，并完成零件尺寸标注、技术要求的注写，填写标题栏，最后完成零件的测绘。对于标准件和标准部件，由于其结构、尺寸、规格等全部是标准化的，测绘时不需画图，只要确定其规格、型号、代号等即可。

2.1 轴套类零件

轴套类零件是机器、部件上的重要零件之一，主要用于支承传动零件（如齿轮、带轮等），传递运动和动力，如光轴、齿轮轴、螺纹轴等。轴套类零件一般有如下结构特点：

1）由同一轴线、不同直径的圆柱体（或圆锥体）所构成。

2）带有键槽、砂轮越程槽、螺纹及螺纹退刀槽、倒角、倒圆、轴肩和中心孔等。

2.1.1 视图选择

1）主视图选择。轴套类零件一般都在车床上加工，其主视图应根据加工位置原则选择，即轴线水平放置，大头在左、小头在右。尽量将孔、槽等结构朝上或朝前放置，以便表达它们的轮廓形状。

2）其他视图。采用移出断面图、局部剖视图、局部视图等表达键槽、孔等结构；退刀槽、圆角等采用局部放大图表示。

3）轴的结构简单且较长时，常采用折断画法。

2.1.2 尺寸注法

轴套类零件的尺寸分为径向尺寸和轴向尺寸。

1）径向尺寸标注各回转体直径，它以水平放置的轴线作为径向尺寸基准。

2）重要的安装端面（轴肩）为轴向的主要尺寸基准（设计基准），轴的两端为辅助尺寸基准（工艺基准）。

3）功能尺寸必须直接标注出来，其他尺寸一般以端面为基准，按加工顺序标注（加工左端圆柱时，以左端面为基准；加工右端圆柱时，以右端面为基准）。

4）零件上的标准结构，如退刀槽、倒角、倒圆、键槽等，应参照手册，按结构的标准尺寸标注。

2.1.3 材料和技术要求

1. 轴类零件的材料

1）不太重要或受力较小的轴可用 Q235、Q275 等碳素结构钢。

2）受力较大、强度要求高的轴可用 40Cr 钢，调质处理硬度达到 230~240HBW 或淬火至 35~42HRC。

3）高速、重载条件下的轴，选用 20Cr、20CrMnTi、20Mn2B 等合金结构钢，经渗碳淬火或渗氮处理，获得高表面硬度。

2. 套类零件的材料

1）套类零件一般用钢、铸铁、青铜或黄铜制造。

2）孔径小的套筒，一般选用热轧或冷拉棒料；孔径大的套筒，常用无缝钢管或带孔的铸、锻件。

3. 其他技术要求

1）有配合要求的表面，其表面结构要求数值较小；无配合要求的表面，其表面结构要求数值较大。

2）有配合关系的外圆和内孔应标注出直径尺寸的极限偏差。其配合关系按照使用要求选用相应的配合种类（间隙配合、过盈配合、过渡配合），孔的公差等级一般比轴的公差等级低一级。与标准化结构（如齿轮、蜗杆等）有关的轴孔，或与标准化零件配合的轴孔，尺寸的极限偏差应符合标准化结构或零件的要求。例如，与滚动轴承配合的相应的轴或孔的公差带应参照相关标准选用。

3）重要部分（如齿轮轴齿轮部分的宽度）的轴向尺寸应标注出极限偏差值。

2.1.4 测绘举例

以一级齿轮减速器低速轴为例（见图 2-1），说明轴类零件的测绘步骤与零件图绘制方法。

1）分析零件。该轴作为减速器低速轴系上的零件，中间键槽部分的轴段与齿轮相连接，右端带键槽的轴段与输出的带轮等零件相连接。有两处位置有轴肩，在安装齿轮和带轮时起着轴向安装定位的作用。该轴安装在箱体上，需要与一对滚动轴承相连接。滚动轴承内圈与轴有配合关系，在轴转动时，内圈随轴颈转动；轴承外圈装在基座上或箱体的轴承孔内固定不动。

另外，轴上具有退刀槽、倒角、圆角、中心孔等结构。

2）视图表达。采用加工位置作为轴的主视图的

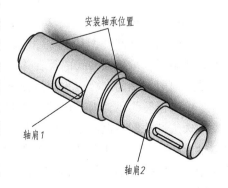

图 2-1 轴的结构分析

位置，即轴线水平放置。为表达键槽的深度，键槽位置作两个移出断面图。

3）测绘及标注尺寸。从图形的轮廓线引出需要标注尺寸的各部分的尺寸线、尺寸界线和箭头（尺寸数字暂不标注）。

① 以轴线作为径向尺寸基准，标注出径向尺寸。

② 轴向尺寸标注顺序如图 2-2 所示。轴线方向的主要基准（设计基准）为轴肩 1，辅助基准（工艺基准）为两端面，首先从主要基准开始标出重要尺寸①，与轴承相配合的轴段②；然后分别从左右两端出发，标出轴向各段的轴向尺寸，最后标注键槽、退刀槽尺寸。轴向主要尺寸布置在视图下方位置，键槽长度尺寸、定位尺寸、退刀槽尺寸标注在视图上方，键槽的深度、宽度尺寸标注在移出断面图上。

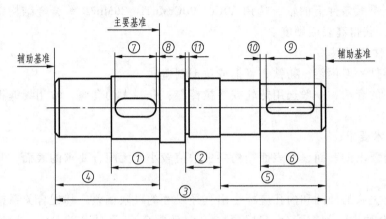

图 2-2　轴向尺寸的基准与标注顺序

③ 测绘零件。用游标卡尺或其他测绘工具测绘各部分的尺寸，并将尺寸数字进行圆整，标注在尺寸线上方。

键槽尺寸需根据键槽所在轴直径的大小，查阅国家标准得到标准数值及公差值。退刀槽、倒角、圆角尺寸需要根据轴径查阅国家标准获得。轴承安装位置，齿轮、带轮安装位置的轴颈径向尺寸公差值的确定，与轴承孔和轮毂孔的配合关系有关。先要确定孔轴之间的配合类型，然后再查表得出相应的公差值。如直径为 $\phi32\text{mm}$ 的轴颈与齿轮孔的配合采用基孔制过渡配合（配合代号为 $\phi32\dfrac{\text{H8}}{\text{k7}}$），根据 $\phi32\text{k7}$ 查表，得出其上、下极限偏差分别为 $+0.027\text{mm}$，$+0.002\text{mm}$（见图 2-3）。

由于轴承为标准件，其他零件与轴承配合时，将轴承视作基准件，故轴承内圈与轴的配合为基孔制、轴承外圈与孔的配合为基轴制。因为轴在转动时，要带动轴承内圈一起转动，因此轴承内圈与轴的配合应采用过盈配合。但是由于我国生产的轴承公差带为负值，内圈公差带上极限偏差为零，而普通的基孔制的孔是下极限偏差为零，因此与一般零件配合时轴径公差带选用基孔制过渡配合，该轴与轴承内圈则可产生过盈配合。因此直径为 $\phi30\text{mm}$ 的轴颈与轴承孔的配合采用基孔制过渡配合（配合代号为 $\phi30\text{m6}$，轴承为标准件，不必写出公差代号），实际得到过盈配合，根据 $\phi30\text{m6}$ 查表，得出其上、下极限偏差分别为 $+0.021\text{mm}$，$+0.008\text{mm}$。

4）技术要求。有配合的圆柱表面要求表面粗糙度值在 $Ra0.8\sim Ra3.2\mu\text{m}$ 之间，两端面以及其他未注表面表面粗糙度值为 $Ra12.5\mu m$。零件材料选用 45 钢，热处理要求为调质处理，硬度220~250HBW。

5）标题栏。填写标题栏，完成零件草图的绘制，如图 2-3 所示。

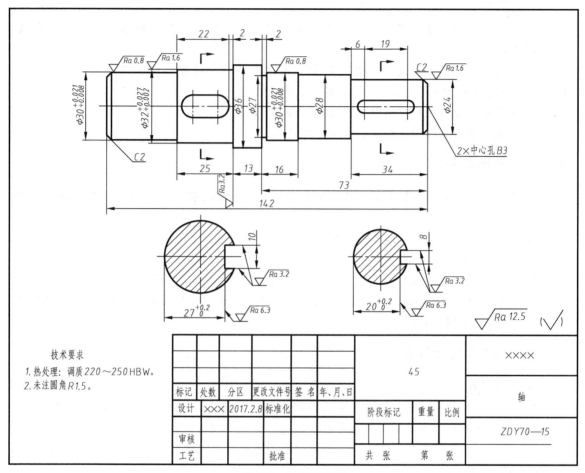

图 2-3　轴的零件图

2.2　轮盘类零件

轮盘类零件包括轮类零件和盘类零件。轮类零件有手轮、飞轮、凸轮、带轮、齿轮等；主要功能是传递运动、动力和转矩。

盘类零件包括轴承盖、阀盖、泵盖、法兰盘、盘座等，主要起支承、轴向定位、密封等作用。

轮盘类零件与轴套类零件的共同之处是，其主体部分多由同一轴线不同直径的若干回转体组成，其基本形状为盘状，常有轴孔。其中，往往有一个端面是与其他零件连接时的重要接触面。轮盘类零件的毛坯多为铸件或锻件，然后再进行车削、磨削等机械加工。

轮类零件常常具有轮辐或辐板、轮毂、轮缘，轮毂为带键槽的圆孔，轮辐呈放射状分布辐射至轮缘。辐板上常有圆周均布的圆孔或其他形状的镂空结构，以减轻重量。

盘类零件多为同轴线的内外圆柱形或圆锥形结构，常带有沿圆周分布的各种形状的凸台、凸缘以及孔、内沟槽、端面槽等结构。

2.2.1 视图选择

1）主视图选择。轮盘类零件一般都在车床上加工，其主视图应根据加工位置原则选择，即轴线水平放置。

2）其他视图。由于轮盘类零件较轴套类零件复杂，一般需要两个视图，即主、左视图，左视图为特征视图，可反映各部分的特征形状。

3）轮辐的断面可采用移出断面或重合断面表示。

4）常有铸造圆角等工艺结构，应尽量表达出来。

2.2.2 尺寸注法

1）轮盘类零件常以主要回转轴线作为径向基准，以切削加工的大端面或结合面作为轴向基准。

2）轮盘类零件的定形尺寸都比较明显，容易标注。零件上各圆柱体的直径及较大的孔径，尺寸多注在非圆的视图上。

3）沿圆周均布的小孔等结构，需标注小孔的定位圆尺寸，多个小孔一般采用如"$n \times \phi 10 EQS$"形式标注，n 表示小孔个数，EQS（均布）意味着等分圆周，角度定位尺寸不需注出。均布很明显则可省略"EQS"字样。

2.2.3 材料和技术要求

1. 材料要求

轮盘类零件常用的毛坯有铸件和锻件，铸件以灰铸铁居多，一般为 HT100～HT200，也可采用铝合金等非铁金属。对于铸造零件，应进行时效处理，消除内应力，并要求铸件不得有气孔、缩孔、裂纹等缺陷；对于锻件，则应进行退火或正火热处理，并不得有锻造缺陷。

2. 其他技术要求

1）有配合要求的内外圆柱表面，都应有尺寸公差，若孔取 IT7 级，则轴取 IT6 级。并根据不同需求选取相应的配合种类。

2）凡有配合要求的表面，其表面粗糙度值一般取 $Ra1.6 \sim Ra6.3 \mu m$。要求美观或精度较高的可取 $Ra0.8 \mu m$。

3）孔的轴线与定位端面之间，应有相应的几何公差要求，如垂直度要求。其他还有如同轴度、轴向圆跳动等要求。

2.2.4 测绘举例

以带轮为例（见图 2-4），说明轮盘类零件的测绘步骤与零件图绘制方法。

（1）分析零件 如图 2-4 所示，该带轮中间轮毂部分带有键槽，通过键与轴相连，起到传递转矩的作用。辐板上沿圆周均布了四个圆孔。轮毂上另有小螺纹孔，用于上紧定螺钉，起到连接带轮和轴的作用（用于受力不大时），轮缘上的小孔是为了方便加工下方的螺纹孔而事先加工出来的，孔径应比螺纹孔大径略大，并与下方螺纹孔同轴。另外，带轮上还有铸造圆角等结构。

如图 2-4 所示，箭头所指端面为轴向定位面，与轴连接安装时，该端面应与轴肩对齐定位。故该端面应作为轴向的主要基准（设计基准）。

（2）视图表达　采用加工位置作为带轮的主视图的位置，即轴线水平放置。主视图采用全剖视图，表达内部结构；为表达键槽的深度，以及四个圆孔的分布情况，应增加左视外形图。

（3）测绘并标注尺寸　先从图形的轮廓线引出需要标注尺寸的各部分的尺寸界线，画出尺寸线和箭头，尺寸数字暂时不要注写。

1）以轴线作为径向尺寸基准，标注出径向尺寸，一般标注在非圆视图（主视图）上。

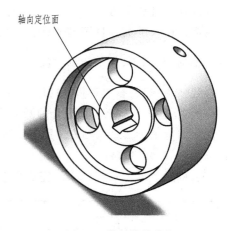

图 2-4　带轮结构分析

2）轴向尺寸及其他主要尺寸标注顺序如图 2-5 所示。轴线方向的主要基准（设计基准）为图 2-4 箭头所示的端面，辅助基准（工艺基准）为两端面以及对称面。

首先从主要基准开始标出尺寸①、②；然后标出左右两端长度③，以对称面为基准标出辐板轴向尺寸④，螺纹孔的定位尺寸为⑤，键槽的深度和宽度在左视图上标注，即尺寸⑥、⑦，四个均布的圆孔的定位尺寸在圆周上标注尺寸⑧。

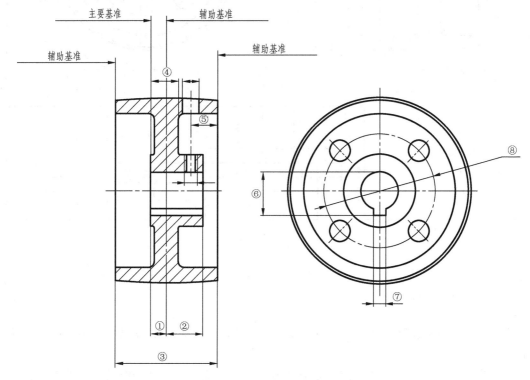

图 2-5　主要尺寸标注顺序

3）测绘零件。用游标卡尺或其他测绘工具测绘各部分的尺寸，并将尺寸数字进行圆整，标注在尺寸线上方。

轮毂键槽尺寸需根据键槽所在孔直径大小，查阅国家标准手册得到标准数值及公差值。带轮与轴的配合，采用基孔制过渡配合（配合代号为 $\phi 18 \dfrac{H7}{k6}$），孔的公差等级为 IT7，故孔的配合代号为 H7，查表可得 $\phi 18H7$ 的孔的上极限偏差为 $+0.018\text{mm}$，下极限偏差为 0。

（4）标注技术要求 有配合的圆柱表面，其粗糙度值在 $Ra0.8 \sim Ra3.2\mu\text{m}$ 之间，两端面的表面粗糙度值为 $Ra12.5\mu\text{m}$，其他未注表面为铸造毛坯面。热处理要求为时效处理，未注铸造圆角为 $R1 \sim R3\text{mm}$。

（5）标题栏 填写标题栏，完成带轮零件图的绘制，如图 2-6 所示。

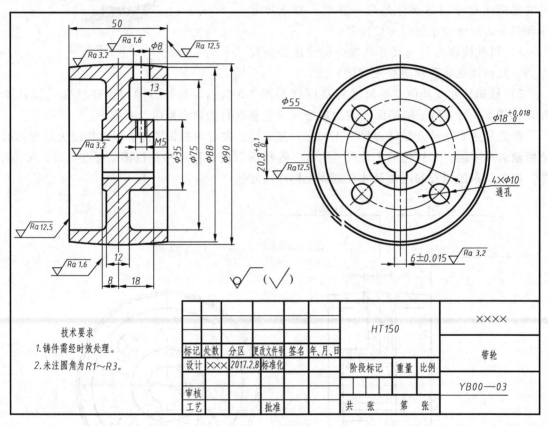

图 2-6 带轮零件图

2.3 叉架类零件

叉架类零件包括拨叉、摇臂、连杆、支架、托架等，其功能为操纵、连接、传递运动或支承等。

叉架类零件形式多样，结构较为复杂且不规则，一般由三个部分组成：支承部分、工作部分和连接部分，如图 2-7 所示。支承部分是支承和安装自身的部分，一般为平面或孔等；工作部分为支承和带动其他零件运动的部分，一般为孔、平面、槽面或圆弧面等对其他零件施加作用的部分；连接部分为连接支承部分和工作部分之间的那部分，其主要结构是连接板，截面形状有矩形、椭圆形、工字形、T 字形、十字形等多种形式。

叉架类零件的毛坯多为铸件或锻件，零件上常有铸造圆角、肋、凸缘、凸台等结构。加工表面较多，需经多道工序加工而成。

2.3.1 视图选择

由于叉架类零件的形状特别，不规则，有些零件甚至无法自然平稳放置，需要加工的表面较多，没有统一的加工位置，工作位置也不尽相同，故零件视图表达差异较大。

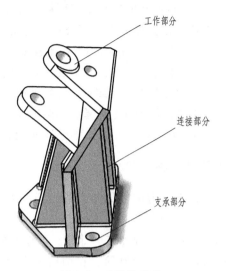

图 2-7 叉架类零件

1）主视图选择。将零件按自然位置或工作位置放置，从最能反映零件各部分结构形状和各部分之间相互位置关系的方向投影，作为主视方向。

2）其他视图。表达安装板、肋板等结构的宽度和它们的相对位置。根据零件复杂程度，一般可采用 2~3 个基本视图。

3）常采用局部剖视图等表达内部结构；连接部分截面形状常采用断面图表达。

4）零件的倾斜部分，常采用斜视图、局部视图、斜剖视图、局部剖视图等进行补充表达。

2.3.2 尺寸注法

1）一般以支承平面、支承孔的轴线、中心线、零件的对称平面和加工的大平面作为尺寸基准。

2）定形尺寸一般按形体分析法进行标注；定位尺寸也较多，且常采用角度标注。定位尺寸一般要标出孔中心线之间的距离、孔中心线到平面间的距离或平面到平面的距离。

3）毛坯多为铸件、锻件，零件上的铸（锻）造圆角、斜度、过渡尺寸一般应按铸（锻）件标准取值和标注。

2.3.3 材料和技术要求

1. 材料要求

叉架类零件常用的毛坯有铸件和锻件，铸件应进行时效处理，并要求铸件不得有气孔、缩孔、裂纹等缺陷；对于锻件，则应进行退火或正火热处理，并不得有锻造缺陷。应按规定标注出铸（锻）造圆角和斜度，根据使用要求提出最终热处理方法及硬度要求。

2. 其他技术要求

1）叉架类零件支承部分的平面、孔或轴线应给定尺寸公差、形状公差及表面粗糙度值。一般情况下，若孔的尺寸公差等级取 IT7，轴取 IT6，孔和轴表面粗糙度值取 $Ra6.3 \sim Ra1.6\mu m$，孔和轴可给定圆度或圆柱度公差。支承平面的表面粗糙度值一般取 $Ra6.3\mu m$，并可给定平面度公差。

2) 定位平面应给定表面粗糙度值和几何公差。一般取 $Ra6.3\mu m$，几何公差有对支承表面的垂直度公差或平行度公差，对支承孔或轴的轴线的轴向圆跳动公差或垂直度公差等。

3) 工作部分的结构形状比较多样，常见的有孔、圆柱、圆弧、平面等，还有些甚至是曲面或奇特的形状结构。如有支承孔，则应标注支承孔的尺寸公差、孔到基准平面或基准轴线的距离及尺寸公差、孔或平面与基准面或基准轴线之间的角度及公差等；另外，还需给出必要的表面粗糙度值和几何公差，如圆度、圆柱度、平面度、垂直度、倾斜度等。

4) 其他技术要求，如毛坯面涂装、无损探伤检测等。

2.3.4 测绘举例

以拨叉为例（见图2-8），说明叉架类零件的测绘步骤与零件图绘制方法。

（1）分析零件 如图2-8所示，拨叉包括工作部分、连接部分和支承部分。工作部分为一矩形槽；安装部分是一个圆筒，在圆筒上方有一凸台，并钻有一通孔；连接部分为十字形肋板。有铸造圆角、倒角等工艺结构。

（2）视图表达 由于拨叉加工工序较多，采用工作位置作为拨叉主视图的位置，并尽量反应各部分间的位置关系。根据拨叉的结构特点，还需增加左视图。主视图采用局部剖视图表达支承孔的内部，左视图采用两个局部剖视图，分别表示凸台上的小孔以及上部矩形槽；为表达倾斜凸台的形状特征，需增加斜视图；采用 $B—B$ 移出断面表达连接部分肋板的截面形状。

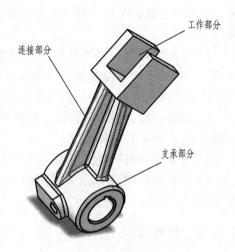

图 2-8 拨叉结构分析

（3）测绘并标注尺寸 先从图形的轮廓线引出需要标注尺寸的各部分的尺寸界线，画出尺寸线和箭头，尺寸数字暂时不要注写。

1) 尺寸基准的选择。以安装孔轴线作为高度方向主要尺寸基准；以过安装孔轴线的对称平面作为宽度方向的主要基准；以工作部分矩形槽的对称面作为长度方向的主要基准，以支承圆筒左、右端面作为长度方向的辅助基准，如图2-9所示。

2) 测绘零件。用游标卡尺或其他测绘工具测绘各部分的尺寸，并将尺寸数字进行圆整，标注在尺寸线上方。

3) 尺寸公差确定。安装孔 $\phi20mm$ 采用基孔制公差，公差等级取 IT7，查表得出 $\phi20H7$ 的上、下极限偏差分别为 +0.021mm，0。工作部分矩形槽与相邻零件的配合采用基孔制，公差等级取 IT6，查表得出 18H6 的上、下极限偏差分别为 +0.011mm，0。轮毂键槽尺寸需根据键槽所在孔直径大小，查阅国家标准得到标准数值及公差值。

（4）标注技术要求 有配合的圆柱表面表面粗糙度值在 $Ra0.8 \sim Ra3.2\mu m$ 之间，两端面的表面粗糙度值为 $Ra6.3\mu m$，其他未注表面为铸造毛坯面。为保证拨叉正常工作，工作部分的矩形槽的对称面相对于安装孔轴线的垂直度不大于 0.1mm，标注方法如图2-10所示。

其他技术要求在图纸空白位置用文字描述，如热处理要求为时效处理，未注铸造圆角为

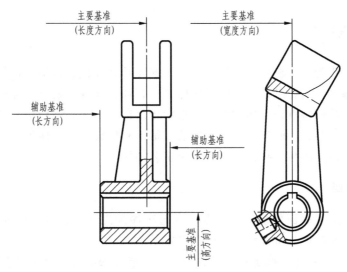

图 2-9　拨叉各方向尺寸基准的确定

$R2 \sim R3\text{mm}$，未注倒角为 $C1$ 等。

（5）标题栏　填写标题栏，完成拨叉零件图的绘制，如图 2-10 所示。

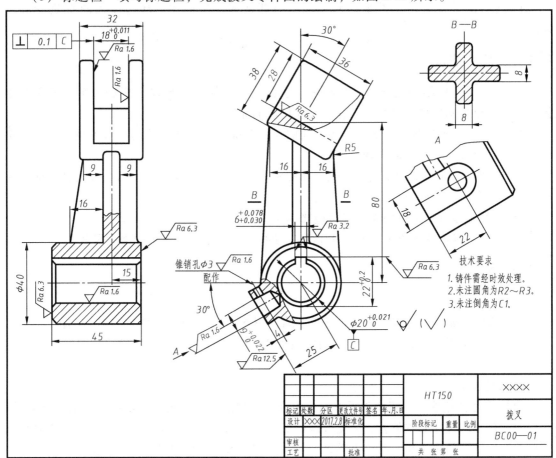

图 2-10　拨叉零件图

2.4 箱体类零件

箱体类零件一般为整个机器或部件的外壳，起支承、连接、容纳、密封、定位及安装等作用，如减速器箱体、齿轮泵泵体、阀门阀体等。箱体类零件是机器或部件中的主要零件。

箱体类零件的结构特点是：体积较大，形状较复杂，内部呈空腔形，壁薄且不均匀；体壁上常带有轴承孔、凸台、肋板等结构，安装底板上有螺纹孔。箱体类零件多为铸造件，因此，毛坯表面常有铸造圆角、拔模斜度等铸造工艺结构。

2.4.1 视图选择

箱体类零件的加工表面较多，往往需经多道工序加工而成，各工序的加工位置不尽相同，因此主视图主要按形状特征和工作位置确定。

1）主视图选择。将零件按工作位置放置，从最能反映零件各部分结构形状和各部分之间相互位置关系的方向投射，作为主视方向。

2）其他视图。箱体类零件一般都较为复杂，常需要三个或三个以上的视图表达。

3）常采用各种剖视图表达内部结构。

4）零件的其他部分，常采用斜视图、局部视图、断面图、局部放大图等进行补充表达。

2.4.2 尺寸注法

1）箱体类零件结构复杂，尺寸较多，应首先将箱体按照形体分析法分解为若干基本体，逐一标出各基本体的尺寸，以保证尺寸标注的完整。

2）应合理选择箱体长、宽、高各方向的尺寸基准，再根据尺寸基准对各基本体尺寸进行调整，以保证尺寸标注的合理。

3）重要轴孔对基准的距离、各孔之间的中心距、轴线与轴线间距离、轴线到平面间距离等尺寸一定要直接标出。

4）与其他零件有装配关系的尺寸应当标出。

5）尺寸基准的主要类型：孔的中心线、轴线、对称平面、较大的加工平面。

2.4.3 材料和技术要求

1. 材料要求

箱体类零件常用的毛坯一般采用铸件，常用材料为 HT200。单件生产时为降低成本，可采用锻件或钢板焊接结构。铸件常采用时效处理，对于锻件或焊接件常采用退火或正火热处理。

2. 技术要求

（1）尺寸公差选择　箱体类零件上有配合要求的主轴承孔要标注等级较高的尺寸公差，并按照配合要求选择基本偏差，公差等级一般为 IT6、IT7。在实际测绘中，对于有啮合传动关系的两支承孔的中心距，其公差等级也可参照同类型零件的尺寸公差，用类比法确定。

（2）几何公差的选择　由于几何公差的种类较多，包括形状公差、方向公差、位置公差等，而箱体零件形状较为复杂，表面繁多，用途各异，因此几何公差的选择也较为灵活多样。总的原则是按箱体的工作条件以及与其他零件的安装配合关系确定相应的几何公差。

1) 形状公差：包括直线度、平面度、圆度、圆柱度等，对重要的箱体孔的表面和重要的安装表面，应当提出圆柱度、平面度等要求。

2) 方向公差：包括平行度、垂直度等，对于箱体中有啮合传动关系的两支承孔的轴线，应提出平行度要求；箱体安装面与孔的轴线，应有垂直度或平行度要求。

3) 位置公差：包括位置度、同轴度、对称度等，箱体中支承同一轴的两孔轴线，应有同轴度要求。

（3）各表面结构要求的确定　箱体类零件的表面繁多种类复杂，可按照不同类别考虑，总的原则是在保证满足技术要求的前提下，选用较大的表面粗糙度数值，具体数值，可通过类比法或查阅相关资料确定。

1) 非配合，且不与其他零件接触的表面，例如箱体外表面，该类表面保留上一道工序形成的表面结构（如铸造形成的表面结构）即可。

2) 固定、安装类表面，例如底面、螺栓孔等，表面粗糙度可取 $Ra3.2 \sim Ra12.5\mu m$。

3) 重要的接触和配合表面，例如箱体和箱盖的接触面，轴承孔等，表面粗糙度可选 $Ra0.4 \sim Ra1.6\mu m$。

4) 其他表面，例如箱体内腔、螺纹孔等，按照经济加工精度，选择 $Ra1.6 \sim Ra6.3\mu m$。

2.4.4　测绘举例

以阀体为例（见图 2-11），说明箱体类零件的测绘步骤与零件图绘制方法。

（1）分析零件　如图 2-11 所示，阀体是阀门上的主要零件，容纳阀芯，其上部法兰部分通过螺栓与阀盖相连，阀芯通过阀杆操纵控制阀门内流体的通断。另外为防止流体的泄露，还应有密封环、垫片等零件。阀体属于箱体类零件。

（2）视图表达　采用三个基本视图加局部视图表达。主视图按照工作位置投射，采用旋转的全剖视图，表达阀体空腔的形状结构；左视图采用局部剖视图，表达后面小孔的深度以及阀体左端凸台形状特征；俯视图采用局部剖视图，表达底座安装孔以及上部法兰安装孔的分布情况，同时进一步表达内部空腔形状。采用后视的局部视图表达后面凸台的形状特征与位置。

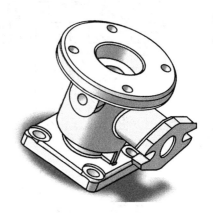

图 2-11　阀体结构分析

（3）测绘并标注尺寸　先从图形的轮廓线引出需要标注尺寸的各部分的尺寸界线、画出尺寸线和箭头，尺寸数字暂时不要注写。

1) 尺寸基准的选择。以阀体水平轴线作为高度方向的主要基准，以上、下端面作为高度方向的辅助基准；以垂直孔轴线作为长度方向的主要基准，以左端面作为长度方向的辅助基准；以前后对称面作为宽度方向的主要基准，如图 2-12 所示。

2) 测绘零件。用游标卡尺或其他测绘工具测绘各部分的尺寸，并将尺寸数字进行圆整，标注在尺寸线上方。

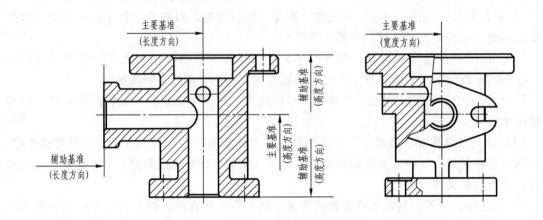

图 2-12　阀体各方向尺寸基准的确定

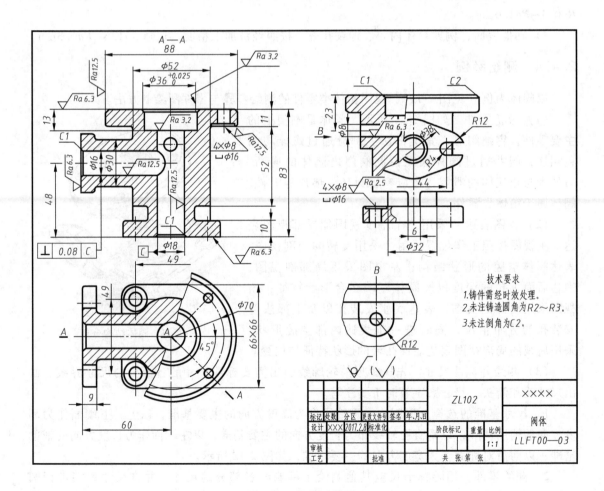

图 2-13　阀体零件图

3）尺寸公差确定。上部与阀座相配合的孔 $\phi36$mm 应有公差，采用基孔制，公差等级为 IT7，查表得出 $\phi36$H7 的上、下极限偏差分别为+0.025mm，0。

（4）标注技术要求　有配合的圆柱表面表面粗糙度值在 $Ra0.8\sim Ra3.2\mu m$ 之间，两端面的表面粗糙度值为 $Ra6.3\mu m$，其他未注表面为铸造毛坯面。为保证阀体正常工作，水平孔与垂直孔轴线的垂直度不大于 0.08mm，标注方法如图 2-13 所示。

其他技术要求用文字描述，如热处理要求为时效处理，未注铸造圆角为 $R2\sim R3$mm，未注倒角为 $C2$ 等。

（5）标题栏　填写标题栏，完成阀体零件图的绘制，如图 2-13 所示。

2.5　标准件以及标准部件处理方法

标准件和标准部件的结构、尺寸、规格等全部是标准化的，测绘时不需画图，只要确定其规定的代号即可。

2.5.1　标准件及常用件的处理

1. 标准件的处理

螺纹连接件（螺栓、螺柱、螺钉、垫圈、螺母）、键和销、链和轴承等，它们的结构形状、尺寸规格已经标准化，并有专门的厂家生产。因此，测绘时不需绘制零件草图，只要将其主要尺寸测量出来，查阅有关设计手册，就能确定其规格、代号、标注方法、材料重量等，然后填入各部件的标准件明细栏中即可。螺纹大径和螺距的测量参考 1.2.3 节所讲的测量方法。

2. 常用件的处理

常用件主要是指齿轮，它是机械传动中应用最为广泛的传动件。由于与齿轮的轮齿部分结构尺寸相关的模数已标准化，而齿轮的其他部分未标准化，故不同于上述标准件，齿轮需绘制零件图。

在测绘时，应将轮齿部分的参数进行测量，计算模数并进行标准化。齿轮参数测量与计算参照 1.2.3 节所讲的方法。

2.5.2　标准部件的处理

标准部件包括各种联轴器、减速器、制动器、电动机等。测绘时只需将它们的外形尺寸、安装尺寸、特性尺寸等测出后，查阅有关标准部件手册，确定它们的型号、代号等，汇总后填入标准部件明细栏中。

第**3**章

典型机械部件的测绘与设计

前面介绍了零部件测绘的基本方法与步骤、测绘流程以及典型零件的测绘方法。本章应用前面章节所学知识，结合计算机三维造型和装配，通过对安全阀、齿轮泵、一级圆柱齿轮减速器的测绘，进一步说明部件测绘的方法和步骤。

3.1 安全阀的测绘

安全阀是介质（油或其他液体）管路中的一个部件，用以使过量的油（或液体）流回到油箱中，降低管路中的压力以确保管路安全。

3.1.1 主要结构和工作原理

安全阀的主要结构包括阀体、阀盖、阀芯、弹簧、阀帽、阀杆等，其零件组成如图 3-1a 所示，其装配示意图如图 3-1b 所示。工作时，阀芯 2 在弹簧 3 的压力下关闭，流体从阀体 1 右端孔流入，从下部孔流出至工作部件。当管路由于某种原因使得压力增大，并且超过弹簧压力时，阀芯 2 即被打开，多余流体从阀体 1 和阀芯 2 之间的间隙流出，并从左端管道流回油箱，从而保证管路安全。当压力下降后，阀芯 2 在弹簧力的作用下回到关闭位置，使油路正常工作。

阀芯 2 的开闭由弹簧控制，其压力大小可以通过阀杆 12 进行调节。阀芯 2 中螺孔的作用是安装调节螺杆，两个横向小孔的作用是快速溢流，减小阀芯运动的背压。

阀帽 11 通过紧定螺钉 10 与阀盖 8 连接，起保护螺杆免受触动或损伤的作用。阀体中装阀芯的孔采用 4 个凹槽结构，是为了减少加工面并减少阀芯运动时的摩擦阻力。

3.1.2 安全阀的拆卸与零件测绘

首先旋出紧定螺钉 10，取下阀帽 11；其次旋出螺母 13，将阀杆 12 从阀盖上拧下；再卸下螺母 7，取下垫圈 6，旋出双头螺柱 5，即可卸下阀盖 8；取出弹簧托盘 9、弹簧 3 及垫片 4。对于阀芯 2 的拆卸，可用小棒插入阀芯的横向小孔内，然后将连接螺杆拧入螺孔中，即可拆出阀芯。拆卸后，将零件归类、编号，依次对非标准零件进行测绘，绘制草图，并标注尺寸、技术要求等。

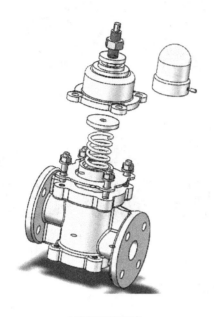

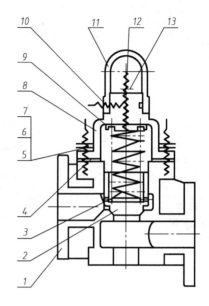

a) 安全阀零件组成 　　　　　　　　　　　b) 安全阀装配示意图

图 3-1　安全阀

1—阀体　2—阀芯　3—弹簧　4—垫片　5—双头螺柱　6—垫圈　7—螺母
8—阀盖　9—弹簧托盘　10—紧定螺钉　11—阀帽　12—阀杆　13—螺母

安全阀各零件的测绘根据第 2 章典型零件的测绘中介绍的方法进行，首先将零件进行分类：如阀体可作为箱体类零件，阀盖作为轮盘类零件，阀杆、弹簧托盘、阀帽、阀芯等作为轴套类零件。

3.1.3　三维造型与虚拟装配

根据零件草图进行三维造型，并进行虚拟装配。在装配过程中，应检查零件的结构、尺寸有无错误之处，并进行装配干涉分析，如发现产生装配干涉、不能正确装配等问题，应对相关零件结构尺寸进行修改，以满足装配要求和功能要求。安全阀零件的三维造型与虚拟装配如图 3-2 所示。零件三维造型和装配的软件操作见第 2 篇的相关章节。

3.1.4　生成工程图

根据零件的三维造型和三维装配，生成对应的零件工程图和装配工程图。阀体的零件图如图 3-3 所示，阀盖的零件图如图 3-4 所示，其他零件的零件图如图 3-5 所示。安全阀装配图如图 3-6 所示。由三维图生成二维工程图的 SolidWorks 软件操作见第 2 篇的相关章节。

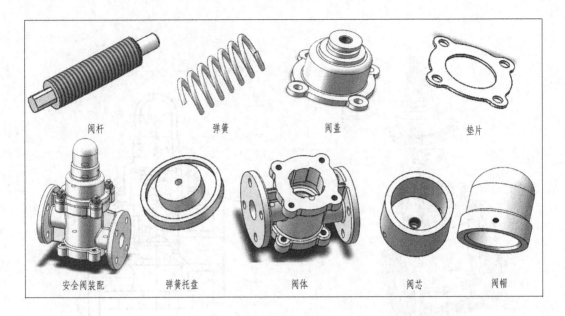

图 3-2　安全阀主要零件的三维造型与虚拟装配

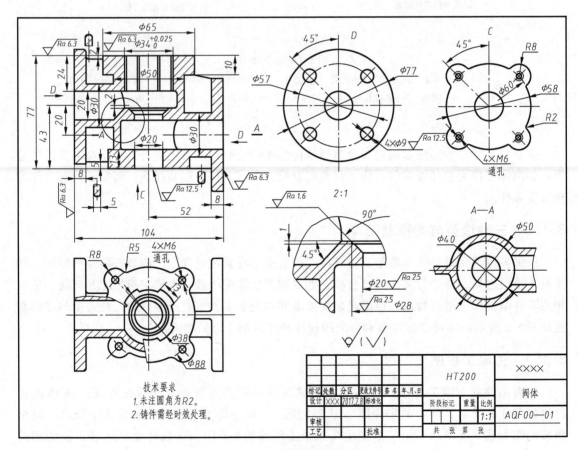

技术要求

1. 未注圆角为R2。
2. 铸件需经时效处理。

图 3-3　阀体的零件图

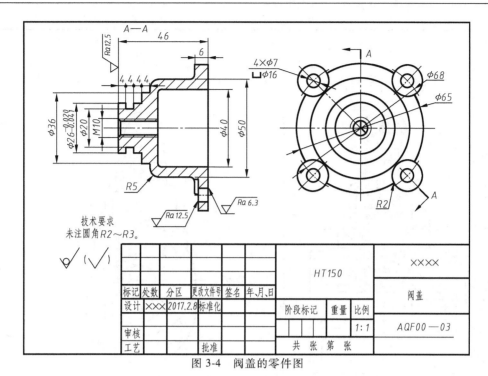

图 3-4　阀盖的零件图

图 3-5　其他零件的零件图

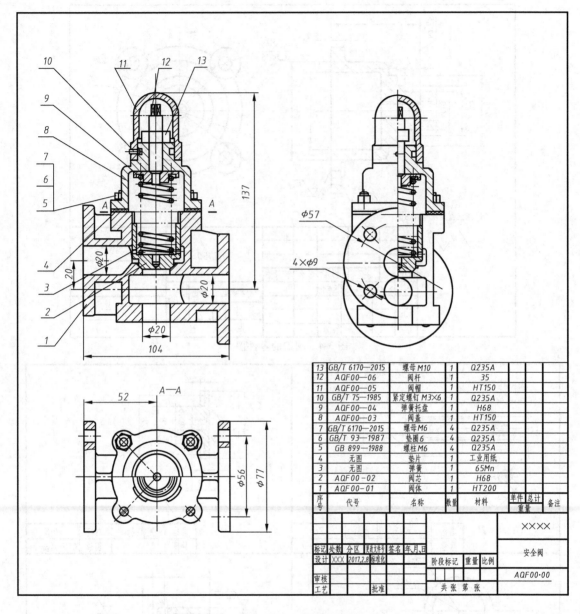

13	GB/T 6170—2015	螺母M10	1	Q235A		
12	AQF00—06	阀杆	1	35		
11	AQF00—05	阀帽	1	HT150		
10	GB/T 75—1985	紧定螺钉M3×6	1	Q235A		
9	AQF00—04	弹簧托盘	1	H68		
8	AQF00—03	阀盖	1	HT150		
7	GB/T 6170—2015	螺母M6	4	Q235A		
6	GB/T 93—1987	垫圈6	4	Q235A		
5	GB 899—1988	螺柱M6	4	Q235A		
4	无图	垫片	1	工业用纸		
3	无图	弹簧	1	65Mn		
2	AQF00—02	阀芯	1	H68		
1	AQF00—01	阀体	1	HT200		
序号	代号	名称	数量	材料	单件 总计 重量	备注

图 3-6 安全阀装配图

3.2　立式齿轮泵的测绘

　　齿轮泵是机器供油系统的一个部件,可用于发动机的润滑系统,将发动机底部油箱中的润滑油送到发动机上有关运动部件,如发动机主轴、连杆、摇臂、凸轮颈等。

3.2.1　主要结构和工作原理

　　齿轮泵的零件主要包括泵体、泵盖、运动零件(主动齿轮轴、从动齿轮、从动轴、带

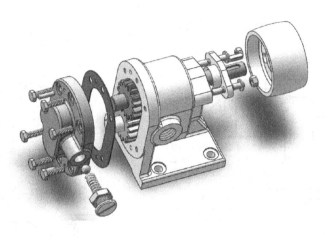

图 3-7 齿轮泵结构与零件组成

轮等）、主动轴密封装置、限压阀装置（钢球、弹簧、垫片、螺塞等）、标准件等，如图 3-7、图 3-8 所示。

齿轮泵包括两条轴系，主动轴系和从动轴系。主动轴和从动轴上的一对标准圆柱齿轮安装在泵体的空腔中，齿顶圆与泵体空腔成间隙配合，以便使主、从动齿轮能正常运转且齿顶圆与空腔间的间隙又不至于过大。主动轴的一端与泵盖上的孔装配在一起，轴中间部分与泵体上的孔装配，并对轴起支承作用；从动轴的两端分别与泵体、泵盖配合，并由泵体、泵盖支承。从动齿轮空套在从动轴上，轴孔之间为间隙配合。装配示意图如图 3-8 所示。

齿轮泵的工作原理如图 3-9 所示。工作时，动力通过带传动传给带轮，并通过键连接将转矩传递给齿轮轴，通过一对齿轮的啮合带动从动齿轮转动。当两啮合齿轮按照如图 3-9 所示的方向转动时，右边的轮齿逐渐分开，右边空腔的体积逐渐增大，压力降低，油被吸入；反之，左边空腔的体积逐渐减小，压力增大。随着齿轮的不断旋转，齿隙中的油被带到左边，并逐渐变为高压油，并由出口压出，经管道输送到需要润滑的各零件处。

为使油压不超过规定压力，在泵盖上安装有限压阀，当油压超过规定压力时，高压油就克服弹簧压力，将钢球阀门顶开，使润滑油自出油口流回吸油口，以保证整个润滑系统工作。

密封装置包括填料、压盖、垫圈、双头螺柱，主要起密封防漏的作用。另外，在泵体与泵盖之间也应放置垫圈，防止油从泵体与泵盖的缝隙间泄露。

3.2.2 齿轮泵的拆卸与零件测绘

先拆卸连接泵体、泵盖的六个螺钉，取下泵盖、垫片，则齿轮泵的两条轴系显露出来，然后，齿轮泵的拆卸主要按两条轴系和限压装置进行。

主动轴系：卸下连接带轮与轴的紧定螺钉、键，即可卸下带轮，取出齿轮轴，再拧下压盖上的两个螺母、双头螺柱、垫圈，取下压盖、填料，则完成主动轴系拆卸。

从动轴系：取出从动轴和齿轮即可完成从动轴系的拆卸。

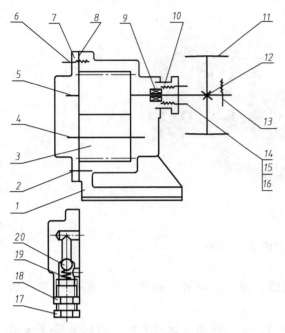

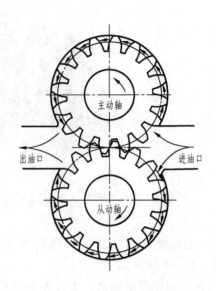

图 3-8　齿轮泵装配示意图

图 3-9　齿轮泵的工作原理图

1—泵体　2—销　3—从动齿轮　4—从动轴　5—齿轮轴
6—螺钉　7—泵盖　8—垫片　9—填料　10—压盖
11—带轮　12—键　13—螺钉　14—双头螺柱
15—螺母　16—垫圈　17—螺塞　18—螺母
19—弹簧　20—钢球

限压装置：卸下螺塞，依次取出螺母、弹簧、钢球即可完成限压装置的拆卸。

拆卸后，将零件归类、编号，依次对非标准零件进行测绘，即绘制草图，并标注尺寸、技术要求等。

在进行零件测绘时，首先要确定该零件属于四种典型零件之中的哪一类，然后再根据零件类型，采取相应的表达方法绘图，并进行尺寸标注及技术要求注写。例如，泵体、泵盖可归为箱体类零件，齿轮轴、齿轮、从动轴可归为轴套类，带轮、压盖为轮盘类等。具体内容见第 2 章典型零件的测绘。

图 3-10 和图 3-11 所示为学生测绘的泵盖和齿轮、压盖的零件草图，供参考。

3.2.3　三维造型与虚拟装配

对于齿轮泵中的非标准件，应根据零件草图进行三维造型，并进行虚拟装配。齿轮泵的装配可分为两个部分进行，即泵体部分（包括主、从动轴系）、泵盖部分（包括限压装置），然后再将两个部分装配在一起。在两个装配部件之间应加垫片，防止泄露，最后装上定位销钉（两个），拧上螺栓（六个），完成齿轮泵的装配。

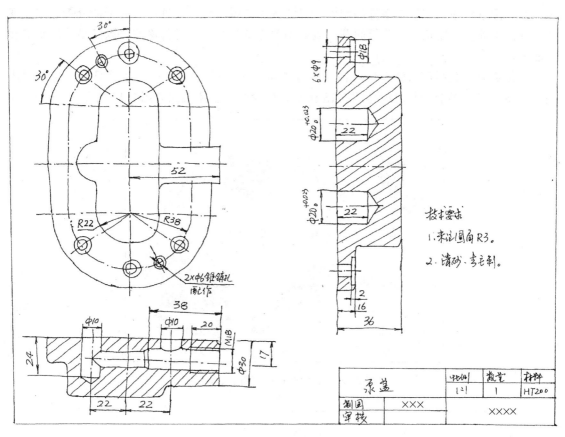

图 3-10　泵盖的零件草图

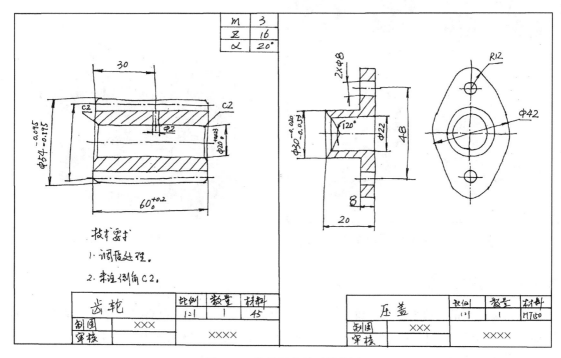

图 3-11　齿轮压盖的零件草图

在装配过程中，应检查零件的结构、尺寸有无错误之处，并进行装配干涉分析，如发现产生装配干涉，不能正确装配等问题，应对相关零件结构尺寸进行修改，以满足装配要求和功能要求。

泵体部分（包括两条轴系）零件三维造型与装配如图 3-12 所示，泵盖部分（包括限压装置）的零件三维造型与装配如图 3-13 所示，齿轮泵的整体装配如图 3-14 所示。

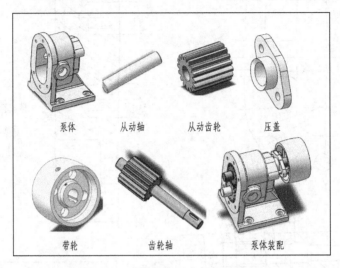

图 3-12　泵体部分（包括两条轴系）

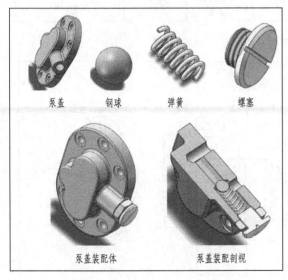

图 3-13　泵盖部分（包括限压装置）

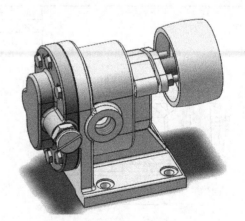

图 3-14　齿轮泵的总体装配

3.2.4　生成工程图

根据齿轮泵的三维造型和三维装配，生成对应的零件工程图和装配工程图。泵盖的零件图如图 3-15 所示，泵体的零件图如图 3-16 所示，其他零件的零件图如图 3-17 所示。齿轮泵的装配图如图 3-18 所示。

由三维图生成二维工程图的 SolidWorks 软件操作见第 2 篇的相关章节。

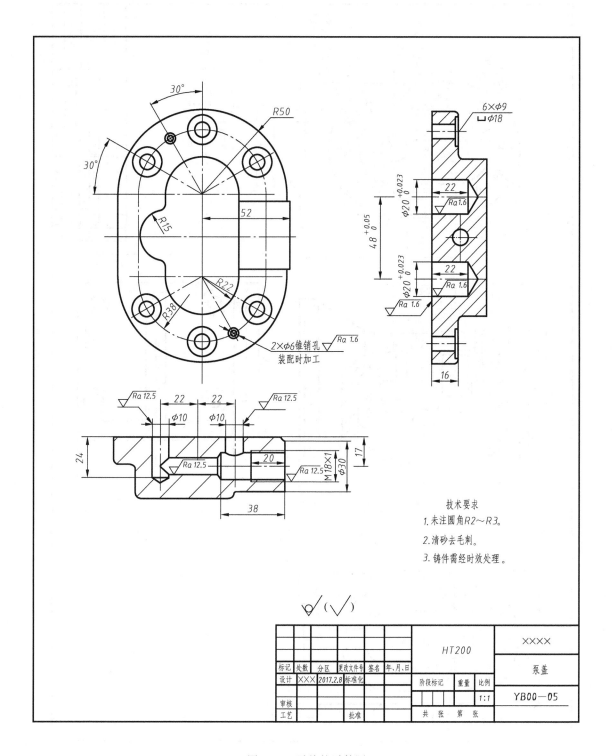

图 3-15　泵盖的零件图

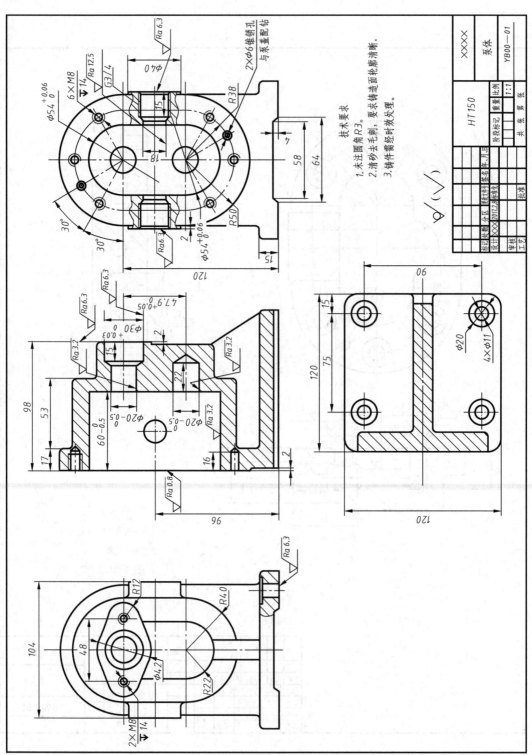

图 3-16 泵体的零件图

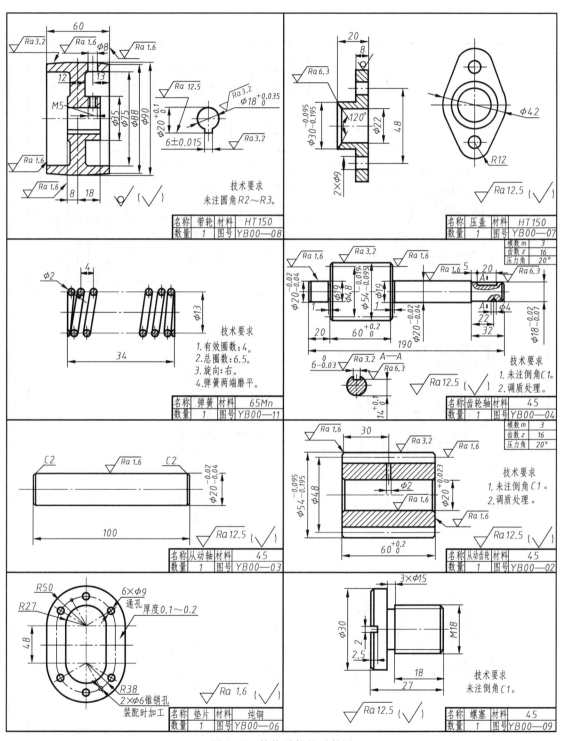

图 3-17　其他零件的零件图

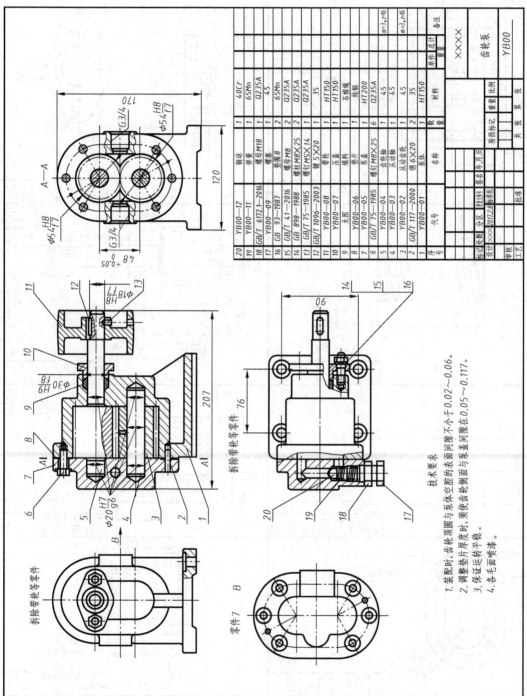

图 3-18 齿轮泵装配图

序号	代号	名称	数量	材料	备注
20	YB00—12	销盖	1	40Cr	
19	YB00—11	弹簧	1	65Mn	
18	GB/T 6172.1—2016	螺母 M18	1	Q235A	
17	YB00—09	螺塞	1	45	
16	GB 93—1987	垫圈 8	2	65Mn	
15	GB/T 41—2016	螺母 M8	2	Q235A	
14	GB 898—1988	螺柱 M8×25	2	Q235A	
13	GB/T 75—1985	螺钉 M5×14	1	Q235A	
12	GB/T 1096—2003	键 5×20	1	35	
11	YB00—08	带轮	1	HT150	
10	YB00—07	压盖	1	石棉绳	
9	无图	填料	1	纯铜	
8	YB00—06	泵盖	1	HT200	
7	YB00—05	垫片	1	石棉纸	
6	GB/T 75—1985	螺钉 M8×25	6	Q235A	
5	YB00—04	齿轮轴	1	45	m=3,z=6
4	YB00—03	从动齿轮	1	45	m=3,z=6
3	GB/T 117—2000	销 6×20	1	35	
2	YB00—02		1	45	
1	YB00—01	泵体	1	HT150	

技术要求
1. 装配时,齿轮顶圆与泵体空腔的表面间隙不小于0.02~0.06。
2. 调整垫片厚度时,须使齿轮侧面与泵盖间隙在0.05~0.117。
3. 保证远转平稳。
4. 各毛面刷漆。

拆除带轮等零件
零件7 B

3.3　一级圆柱齿轮减速器的测绘

减速器是安装在原动机（如电动机）和工作机（如搅拌机）之间，用于降低转速和改变转矩的独立传动部件。根据不同分级的传动情况，可分为单级、双级和三级减速器。本节主要介绍单级圆柱齿轮减速器。

3.3.1　工作原理和主要构成

1. 工作原理

电动机通过带轮带动主动齿轮轴（输入轴）转动，再由小齿轮带动从动轴上的大齿轮转动，将动力传输到大齿轮轴（输出轴），以实现减速的目的。

减速器的减速功能是通过相互啮合齿轮的齿数差异来实现的。减速器的特征参数是传动比 i，它的表达式为

$$i = \frac{n_1}{n_2} = \frac{z_2}{z_1}$$

式中，z_1、z_2 分别表示主动轮、从动轮的齿数；n_1、n_2 分别表示主动轮、从动轮的转速。通常，直齿单级圆柱齿轮的减速器的传动比 $i \leqslant 5$。

2. 各部分装置介绍

图 3-19 所示为 ZDY70 型单级圆柱齿轮减速器的轴测分解图。由图可见，减速器最重要的部分是一对齿轮及其两条轴系所构成的传动系统，其工作原理如前所述。减速器一般采用分离式结构，即沿两轴线平面分为箱体和箱盖，两者之间采用螺栓连接，这样便于装配和维修。为了保证箱体上安装轴承和端盖的孔的正确形状，两零件上的孔是合在一起加工的。装配时，它们之间采用两个锥销定位，销孔钻成通孔，便于拔销。

减速器的装配示意图如图 3-20 所示，减速器各部分装置的名称及功能如下：

（1）传动装置　传动装置是减速器的主要部分，相关零件分布在两条轴线上。其中，齿轮轴是指齿轮与轴连成一体，而大齿轮与轴之间采用平键连接，并通过轴肩、轴套实现轴向定位。

（2）包容装置　由箱体和箱盖组成，它们包容并支承传动装置，使整个减速器形成一个整体，并形成封闭式传动。箱体的左右两边有四个呈钩状的加强肋板，用于起吊运输。

（3）支承、调整装置　齿轮轴和从动轴分别由一对滚动轴承支承，轴承的轴向定位通过轴肩、端盖实现。减速器工作时，箱体升温会导致两轴热胀伸长，当轴向两端伸长时，会通过轴肩推动两滚动轴承的内圈外移。为防止外移量超出轴承本身允许的轴向游隙而使轴承卡死无法运转，在两轴端盖处的内侧装入了两个调整环，以保证轴热胀伸长后，轴的端面不与端盖接触，调整环的厚度尺寸需在装配时确定。安装时，使各相邻零件的端面相互贴合，测出轴承外圈与端盖间的距离，再减去 0.5~1mm 的轴向游动间隙，即为调整环的厚度尺寸。

（4）润滑装置　减速器齿轮采用稀油飞溅润滑。箱体内装有润滑油，油面高度约为大齿轮浸入一个齿高深度即可，大齿轮运转时，齿面上的油即可带到小齿轮的齿面上，以保证两齿轮啮合时的良好润滑状态。主动齿轮轴的一对滚动轴承则采用润滑脂润滑的方式，考虑

图 3-19　减速器结构与零件组成

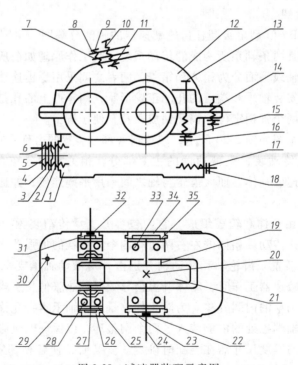

图 3-20　减速器装配示意图

1—箱体　2—垫片　3—反光片　4—油面指示片　5—油标盖　6—螺钉　7—垫片　8—视孔盖

9—螺钉　10—通气塞　11—螺母　12—箱盖　13—螺栓 M8×65　14—螺栓 M8×25　15—弹簧垫圈

16—螺母　17—螺塞　18—平垫圈　19—套筒　20—键　21—齿轮　22—密封圈　23—透盖

24—轴　25—调整环　26—端盖　27—齿轮轴　28—滚动轴承　29—挡油环

30—圆锥销　31—透盖　32—密封圈　33—滚动轴承　34—端盖　35—调整环

到可能有少量的稀油飞溅流入轴承中，故在轴承靠空腔的一侧设置了挡油环，以防止油稀释轴承内的润滑脂。

（5）密封装置　减速器除在箱体与箱盖结合面、油标装置、换油装置、观察窗和透气装置等处放置垫片保证密封外，还要在外伸轴的透盖内设置密封装置，以防止箱体内的润滑剂由伸出轴位置渗漏，同时防止外界灰尘、水汽、杂质等进入。具体做法是在透盖内开一梯形沟槽，装配时在沟槽内填入毡圈油封。测绘时，透盖内梯形沟槽尺寸不便量取，可参照表 3-1 确定。

表 3-1　毡圈油封和沟槽的形式及尺寸（JB/ZQ 4606—1997）　　　　　（单位：mm）

轴径 d	毡圈油封		沟槽						
	D	d_1	B	D_0	d_0	b	δ_{min}		
								钢	铸铁
15	29	14	6	28	16	5	10	12	
20	33	19		32	21				
25	39	24	7	38	26	6			
30	45	29		44	31				
35	49	34		48	36				
40	53	39		52	41				
45	61	44	8	60	46	7	12	15	
50	69	49		68	51				
55	74	53		72	56				
60	80	58		78	61				
65	84	63		82	66				
70	90	68		88	71				
75	94	73		92	77				
80	102	78		100	82				
85	107	83	9	105	87	8	15	18	
90	112	88		110	92				

标记示例
$d = 50mm$ 的毡圈油封：
毡圈 50　JB/ZQ 4606—1997

（6）油标　油标位于减速器箱体侧面的居中位置，由油面指示片、反光片及油标盖等零件组成。油标是为观察润滑剂的液面高度而设置的，可以及时了解润滑剂的损耗情况。油面指示片上刻有油位的上下极限位置。

（7）换油装置　箱体内的油需定期排放并注入新油。为此，在箱体的最低处开设了放油孔，工作时通过螺塞、垫圈密封。旋开螺塞，可排放污油。为便于排放，箱体底面应沿放油孔方向倾斜 1°～1.5°。

（8）观察窗和透气装置　在减速器箱盖上方的方形窥视孔是用于观察、检查减速器内部齿轮的啮合情况的。拆去减速器上方的视孔盖，则可由此位置添加润滑油或换油后注入新油。视孔盖上的通气塞钻有通孔，可及时释放箱体内的气体和水蒸气，从而平衡减速器内外气压，保证工作安全。

3.3.2　减速器的拆卸与零件测绘

1. 减速器拆卸

减速器是机械制图测绘训练中较为复杂的装配部件。因此，在拆卸前必须认真了解减速器各部分的组成、功能原理以及各零件之间的相互关系。主要拆卸步骤为：

1）箱体与箱盖之间通过 6 个螺栓连接，拆下 6 个螺栓，即可将箱盖卸去。

2）分别抽出两轴系的端盖，取出透盖，取下剩余的两装配轴系。

3）分别拆卸主动轴和从动轴装配线上的零件。

4）拆卸箱体上的螺塞、油标装置。

5）拆卸观察窗和透气装置，一一卸下各零件，完成拆卸。

拆卸过程需遵守 1.2.1 节中讲述的零部件拆卸方法，边拆卸边记录，同时编制标准件明细栏。

2. 绘制零件草图

ZDY70 型减速器共有 35 个零件，其中 17 种为标准件，其余为非标准件。非标准件均应绘制零件草图。在进行草图绘制时，应根据其结构对零件进行分类处理，然后再根据零件的不同类型，采取相应的表达方法绘图，并进行尺寸标注及技术要求注写。例如，箱体、箱盖可归为箱体类零件，齿轮轴、齿轮、套筒、挡油环、端盖、透盖等轴系上的零件大部分可归为轴套类或轮盘类等。

3.3.3　三维造型与虚拟装配

根据零件草图对减速器零件进行三维造型，并进行虚拟装配。减速器的装配可按照四个子装配分别进行，即两条轴系的装配、箱体装配、箱盖装配，然后再将四个装配部件总装到一起，装上定位销钉、螺栓、垫圈、螺母等紧固件，完成减速器的装配。

箱体装配主要包括油标装置、螺塞的装配；箱盖装配包括观察窗和透气装置的安装。减速器两条轴系上的零件三维造型与装配如图 3-21、图 3-22 所示，箱盖装配如图 3-23 所示，箱体与轴系的装配如图 3-24 所示，减速器总体装配如图 3-25 所示。其中，箱体与轴系的装配的操作过程见 8.7 综合实例——传动轴系及减速器的装配。

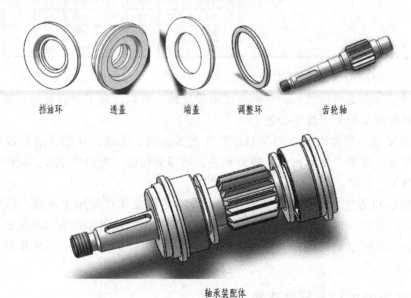

挡油环　　　　透盖　　　　端盖　　　　调整环　　　　齿轮轴

轴承装配体

图 3-21　主动轴系主要零件与装配

3.3.4　零件工程图

根据减速器的三维造型和三维装配，可生成对应的零件工程图和装配工程图。箱体的零

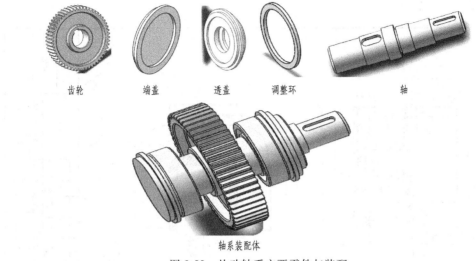

齿轮   端盖   透盖   调整环   轴

轴系装配体

图 3-22 从动轴系主要零件与装配

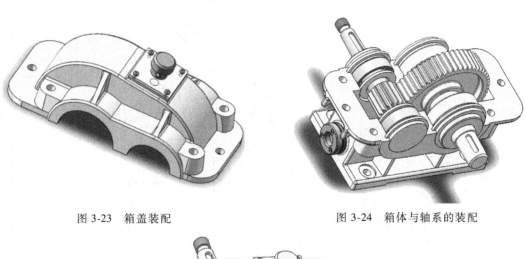

图 3-23 箱盖装配   图 3-24 箱体与轴系的装配

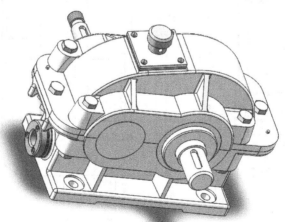

图 3-25 减速器总体装配

件图如图 3-26 所示，箱盖的零件图如图 3-27 所示，齿轮轴和从动齿轮的零件图如图 3-28、图 3-29 所示。

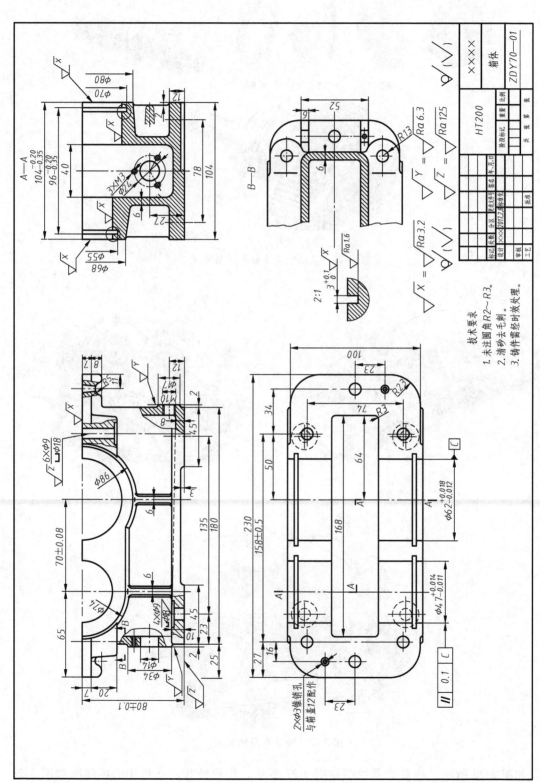

图 3-26 箱体零件图

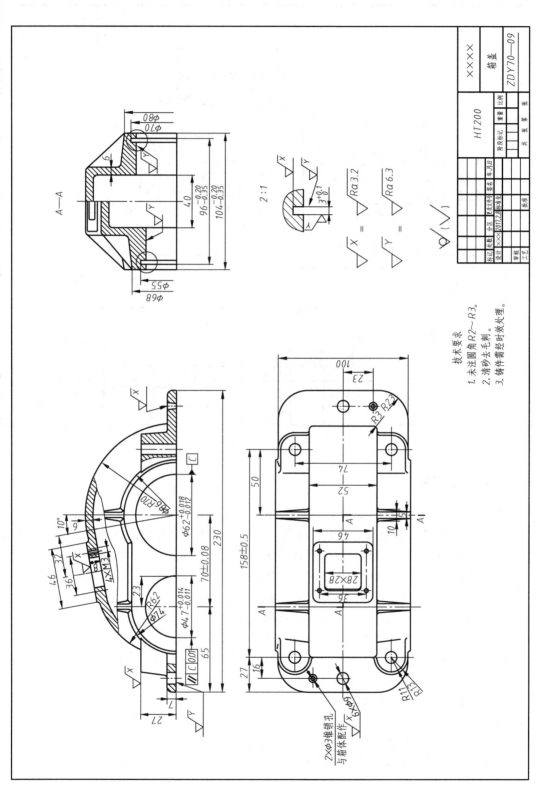

图 3-27　箱盖零件图

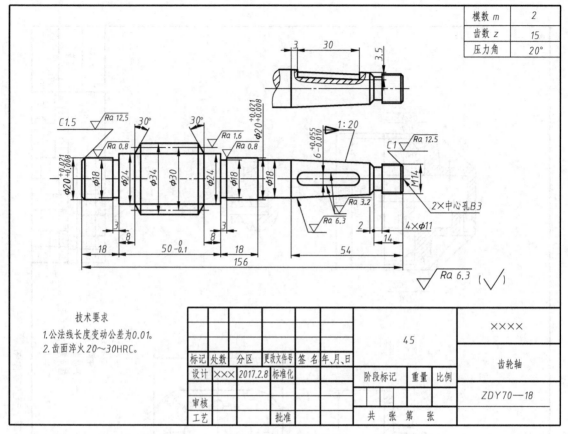

模数 m	2
齿数 z	15
压力角	20°

技术要求
1.公法线长度变动公差为0.01。
2.齿面淬火20～30HRC。

图 3-28　齿轮轴零件图

3.3.5　装配工程图

1. 减速器装配工程图表达方案

图 3-30 所示为 ZDY70 型减速器的装配图，采用主视图、俯视图、左视图三个基本视图来表达减速器的结构、工作原理、运动传递路线、装配关系等。

主视图方向按工作位置选择，表达整个部件的外形特征，并通过几处局部剖视图，分别反映观察窗、油标、放油孔、螺栓连接等装置的内部结构。

俯视图采用沿箱体箱盖之间的结合面剖切的表达方法，主要是为了清楚表达两装配轴系上各零件的相对位置关系和装配关系。在剖视图中，实心零件（齿轮轴和从动轴）应按不剖处理，故俯视图中两轴均按外形画出，而大齿轮不属于实心零件，为反映大小齿轮的啮合关系，图中在啮合处对齿轮轴进行局部剖切。

左视图主要是补充表达减速器外形。

2. 尺寸标注配合代号

以图 3-30 为例，减速器装配图一般应注出以下尺寸：

1）规格尺寸。两齿轮中心距（70±0.03）mm。该尺寸通常是减速器所命名的型号的组成部分。公差±0.03mm 可由有关手册中查得。

2）外形尺寸。表示减速器总长、总宽、总高的尺寸，它是包装、运输、安装等的参照

模数 m	2
齿数 z	55
压力角	20°

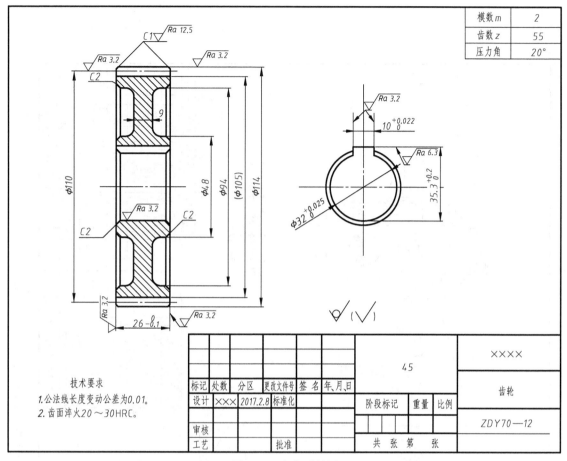

技术要求
1. 公法线长度变动公差为0.01。
2. 齿面淬火20～30HRC。

								45			××××
标记	处数	分区	更改文件号	签名	年月日						齿轮
设计	×××		2017.2.8	标准化			阶段标记		重量	比例	
审核											ZDY70—12
工艺			批准				共 张 第 张				

图 3-29　齿轮零件图

依据。

3）安装尺寸。78mm、135mm、23mm箱体底板上安装孔大小等尺寸。

4）装配（含配合尺寸）。两条装配轴系中，轴与之相配合的其他零件的配合尺寸，以及轴承与箱体、箱盖的配合尺寸。两个相互有配合关系的零件其中一个为标准件时，只需标注非标准件的公差带代号。由于轴承为标准件，故轴承与其他零件的配合只需注出另一个零件的公差带，如 $\phi47K7$、$\phi20m6$ 等。

5）其他重要尺寸。两齿轮分度圆尺寸等。

3. 技术要求

主要是指用文字表述的"技术要求"，这类技术要求涉及较多专业知识，可参考同类型减速器的技术要求注写。

4. 减速器装配图常见结构的装配画法

（1）与滚动轴承相邻接的各零件间的装配画法　图 3-31 所示为与滚动轴承相邻接的各零件间的装配画法，注意事项见图中文字说明。

（2）油标装置的画法　油标装置的形式有多种，常见的有圆形、长圆形和标尺式三种。ZDY70 减速器采用圆形油标。油标装置的画法如图 3-32 所示，油标的结构以及油标各零件

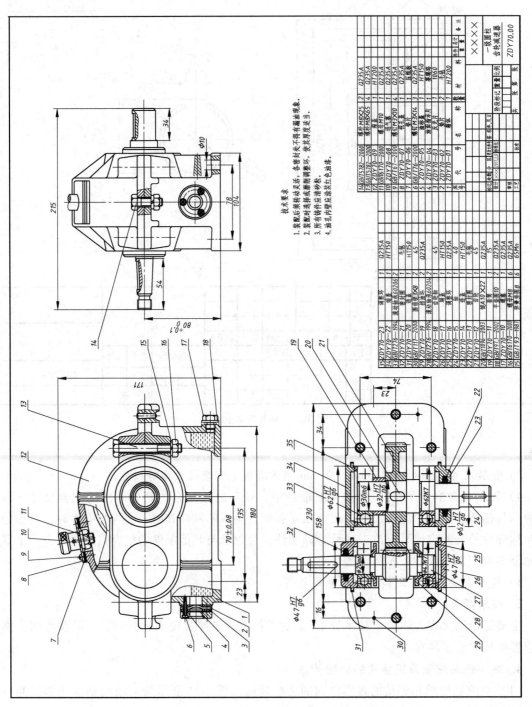

图 3-30　减速器装配图

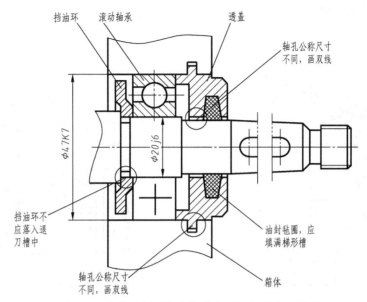

图 3-31 与滚动轴承相邻接的各零件间的装配画法

间的相互关系得以清楚表达。通常在减速器装配图（见图 3-30）的相应位置采用局部剖表示游标装置。

图 3-32 中，油标装置的画法应注意以下几点：

1）拧入螺钉处的螺孔，为避免渗漏，以不通孔为宜。

2）螺钉螺纹部分与箱体上的螺孔旋合，与其他零件未构成配合，故其他零件与螺钉邻接处应留出间隙，画成双线。

3）为防止泄露，在箱体与反光片以及反光片与油位指示片之间均应加垫片。

（3）从动轴系上零件的轴向定位与画法（见图 3-33）

1）齿轮与轴承的轴向定位。在图 3-33 中，齿轮的一端以轴肩定位，另一端以轴套定位；轴承的内圈与轴套接触，外圈与调整环、端盖依次相邻接，对轴承轴向进行定位。

2）为了保证轴套能靠紧齿轮端面而得到准确可靠的定位，使轴套起到有效的定位作用，齿轮端面需超出轴肩 1～2mm，如图 3-33 所示。

3）为了便于轴承拆卸，轴套的高度应低于轴承内圈的厚度，如图 3-33 所示。

4）端盖与箱体间的径向不是配合关系，故应留有间隙，并用双线表示出来，如图 3-33 所示。

（4）观察窗与透气装置的画法 观察窗为长方孔，四个用于固定的螺钉与视孔盖上的透气塞并不在同一个剖切平面。为表达透气塞与视孔盖以及螺母的连接关系，可在主视图上适当位置作局部剖表示，此时剖切平面通过透气塞、螺母轴线，但并不通过螺钉的轴线，因此螺钉未剖切到，如图 3-34a 所示。

如需在该局部剖位置同时表达螺钉与相邻零件的连接情况，需作剖中剖视图，并标注，与相邻剖视图以波浪线分界，如图 3-34b 所示。

（5）换油装置的画法 换油装置中排油孔的结构及高度位置会直接影响其加工时的工艺性及排油效果。由图 3-35 不难看出，选用图 3-35c 的结构是最佳方案，图 3-35b 也正确，但螺纹孔加工工艺性稍差。

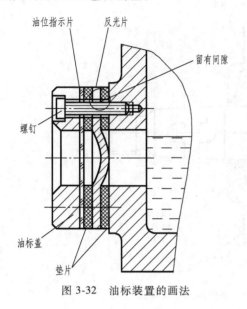

图 3-32　油标装置的画法

图 3-33　轴上零件定位与画法

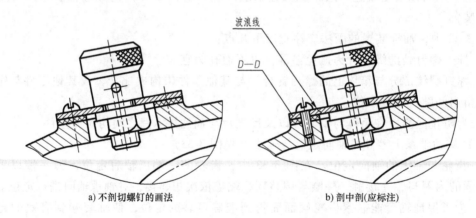

a) 不剖切螺钉的画法

b) 剖中剖(应标注)

图 3-34　观察窗和透气装置的画法

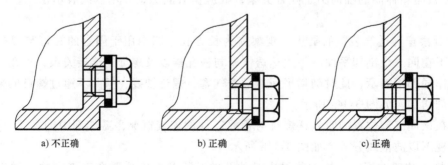

a) 不正确

b) 正确

c) 正确

图 3-35　换油装置的画法

第2篇 SolidWorks三维设计

第4章

SolidWorks软件基础

SolidWorks 是一款参变量式 CAD 设计软件，利用该软件，工程技术人员可以更有效地进行产品建模及模拟整个工程系统，以缩短产品的设计和生产周期，并可以完成更加富有创意的产品制造。本章首先介绍 SolidWorks 的基本功能和主要设计方法，然后介绍其操作界面和工作界面的设置，最后介绍文件的操作方法。

4.1 软件功能与设计方法介绍

4.1.1 三维设计基本概念

1. 实体造型

实体造型是指利用计算机采用若干基本元素来构造机械零件的完整几何模型。利用实体造型软件进行产品设计时，设计人员可以直接在计算机上进行三维设计，在屏幕上显示产品真实的三维形状。产品形状越复杂，更改越频繁，采用三维设计软件进行产品设计的优越性越突出。

当零件在计算机中进行三维建模后，工程师就可以方便地进行后续环节的设计工作，如部件的模拟装配、总体布置、运动模拟、干涉检查以及数控加工与模拟等。因此，它为在计算机集成制造和并行工程思想指导下实现整个生产环节采用统一的产品信息模型奠定了基础。

2. 参数化

参数化设计一般是指设计对象的结构形状比较定型，可以用一组参数来约束尺寸关系。参数的求解较为简单，参数与设计对象的控制尺寸有着明显的对应关系，设计结果的修改受到尺寸的驱动。生产中最常用的系列化标准件就属于这一类型。

新产品的开发设计需要多次反复修改，进行零件形状和尺寸的综合协调与优化；同时，对于定型产品的设计，需要形成系列，以便针对用户的需求提供不同规格的产品。参数化设计使得实体造型的速度加快，造型功能增强了。参数化的另一个优点是当某一个特征进行修改时，会使相关联的其他特征也自动更改，并可以加入关系式来驱动模型。

3. 特征

特征兼有形状和功能两种属性，包括特定几何形状、拓扑关系、典型功能、绘图表示方法、制造技术和公差要求。

基于特征的设计是把特征作为产品设计的基本单元，并将机械产品描述成特征的有机集合。特征设计便于实现并行工程，使设计绘图、计算分析、工艺设计到数控加工等后续环节工作都能顺利完成。

4.1.2　SolidWorks 软件功能概述

SolidWorks 是一款参变量式 CAD 设计软件。所谓参变量式设计，是将零件尺寸的设计用参数描述，并在设计修改的过程中通过修改参数的数值改变零件的外形。该软件可分为三个功能模块：零件、装配、工程图。

1. 零件

零件包括实体建模、曲面建模、钣金设计、焊件设计等。由于篇幅限制，本教材只介绍实体建模。

2. 装配

装配体建模。当创建装配体时，可以通过选取各个曲面、边线、曲线和顶点来配合零部件；在装配环境里，可以方便地设计和修改零部件。在 SolidWorks 中，当生成新零件时，用户可以直接参考其他零件并保持这种参考关系。

装配干涉检查：SolidWorks 可以动态地查看装配体的所有运动，并且可以对运动的零部件进行动态的干涉检查和间隙检测。

特征驱动技术：用智能零件技术自动完成重复设计，如将一个标准的螺栓连接装配完成后，其他相同的螺栓及螺纹紧固件按照特征驱动方法进行复制。

标准零件库：通过 SolidWorks Toolbox，SolidWorks Design ClipArt 和 3D ContentCentral，可以即时访问标准零件库。将符合要求的标准件进行装配。

3. 工程图

工程图是全相关的，修改图样时，三维模型、各个视图、装配体都会自动更新。工程图从零件或装配体的三维模型中自动产生，包括视图、尺寸标注和注解。

在装配工程图中，材料明细栏是自动生成的，即可以基于设计自动生成完整的材料明细栏（BOM），从而节约大量的时间。

4.1.3　SolidWorks 设计方法

在 SolidWorks 系统中，零件、装配体和工程图都属于对象，其中，零件是 SolidWorks 系统中最主要的对象。工程师首先设计出三维实体模型，然后由多个零件进行部件装配——总体装配，最后根据三维实体零件或三维装配生成相应的零件工程图和装配工程图。

设计过程一般可分为自顶而下和自底而上两种设计方法。对于初学者，可以先采取后一种方法。即绘制零件草图，进行特征设计生成零件、然后进行装配生成部件，最后生成二维工程图。在 SolidWorks 设计过程中，零件设计是核心，特征设计是关键；草图设计是基础。设计过程如图 4-1 所示。

1. 草图与特征

草图指的是二维轮廓或横截面。对草图进行拉伸、旋转、放样或沿着某一路径扫描等操作后即生成特征。特征可以通过组合生成零件的各种形状（如凸台、切除、孔等）及实现

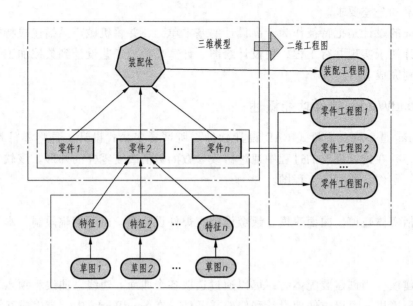

图 4-1 设计方法与过程

圆角、倒角、抽壳等。

2. 零件与装配件

通过特征构建出零件，由若干零件可以组合成装配体，实现特定的设计功能。在组合过程中，根据配合关系和约束条件将零件正确组装，精确定位零部件，还可定义零部件相对其他零部件的移动和旋转。

3. 工程图

根据设计好的零件和装配体，利用 SolidWorks 生成各种视图、剖视图、轴测图等，然后添加尺寸、技术要求、标题栏等，最终得到工程图。由三维零件生成的工程图称为零件工程图，由三维装配体生成的工程图称为装配工程图。当对零件或装配体进行修改时，对应的工程图文件也会相应自动修改。

4.2 SolidWorks 2013 操作界面

操作界面是用户对创建文件进行操作的基础。SolidWorks 2013 版本的用户界面包括设计树、菜单栏、工具栏、任务窗格、图形区、状态栏等，其中，图形区位于操作界面的中间位置，是软件的主要工作区域，也是零件模型的显示区域，是计算机与设计者交流的人机界面。打开一个零件文件，其操作界面如图 4-2 所示。

4.2.1 菜单栏

系统默认情况下，SolidWorks 菜单栏是隐藏的，将鼠标指针移动到界面的最上方 Solid-Works 图标上或单击，菜单栏就会出现。

SolidWorks 菜单栏包括【文件】、【编辑】、【视图】、【插入】、【工具】、【窗口】和【帮助】等。其中最关键的功能集中在【插入】与【工具】菜单中。

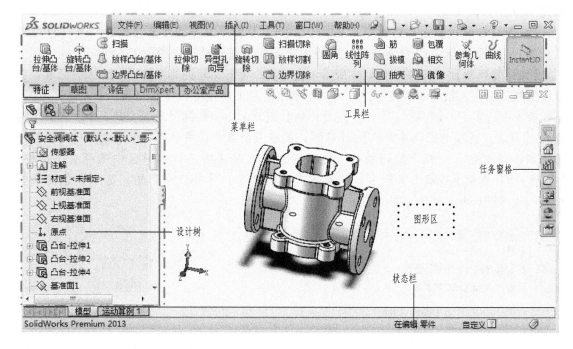

图 4-2　SolidWorks 操作界面

对应于不同的工作环境，SolidWorks 中相应的菜单以及其中的命令会有所不同。当进行一定任务操作时，不起作用的菜单命令会临时变灰，此时将无法应用该菜单命令。

下面对各菜单分别进行介绍。

- 【文件】菜单：【文件】菜单包括【新建】、【打开】、【保存】和【打印】等命令。
- 【编辑】菜单：【编辑】菜单包括【剪切】、【复制】、【粘贴】、【删除】、【压缩】以及【解除压缩】等命令。
- 【视图】菜单：【视图】菜单包括显示控制的相关命令。
- 【插入】菜单：【插入】菜单包括【凸台/基体】、【切除】、【特征】、【阵列/镜向】、【扣合特征】、【曲面】、【钣金】、【焊件】、【草图绘制】等命令。
- 【工具】菜单：【工具】菜单包括【草图工具】、【标注尺寸】、【几何关系】、【测量】、【自定义】、【选项】等多种命令。
- 【窗口】菜单：【窗口】菜单包括【视口】、【新建窗口】、【层叠】等命令。
- 【帮助】菜单：【帮助】菜单可以提供各种信息供查询。

此外，用户还可以应用快捷菜单或自定义菜单命令。如在 SolidWorks 图形区单击鼠标右键，可弹出相关的快捷菜单。

4.2.2　工具栏

工具栏位于菜单栏的下方，一般分为两排，用户可自定义其位置和显示内容。工具栏中的命令按钮为快速操作软件提供了极大的方便。

【标准】工具栏如图 4-3a 所示。通过单击工具栏按钮旁边的黑三角，可以打开带有附加功能的弹出菜单。

【视图（前导）】工具栏如图 4-3b 所示。此工具栏跟视图操作息息相关，有【整屏显示全图】、【局部放大】、【剖面视图】、【视图定向】、【显示样式】等按钮。

【命令管理器】工具栏如图 4-3c 所示。它是一个上下文相关的工具栏，默认情况下，它根据文档类型嵌入相应的工具栏，也可根据要使用的工具栏进行动态更新。【命令管理器】下面有 5 个选项卡：【特征】、【草图】、【评估】、【DimXpert】和【办公室产品】。其中【特征】、【草图】选项卡提供【特征】、【草图】的有关命令，这两个选项卡的命令在建模时经常用到；【评估】选项卡提供检查、分析等命令或在【插件】选项区中选择有关插件；【DimXpert】选项卡提供有关尺寸、公差等方面的命令；【办公室产品】选项卡包含某些 ScanTo3D 和 Toolbox 插件等方面的命令。

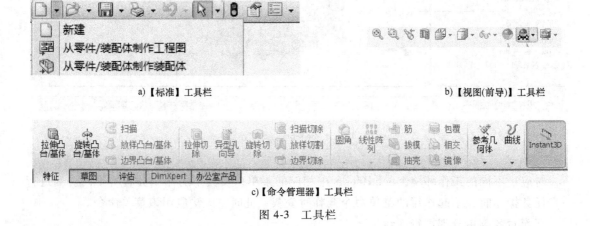

a)【标准】工具栏   b)【视图(前导)】工具栏

c)【命令管理器】工具栏

图 4-3　工具栏

4.2.3　状态栏

状态栏位于 SolidWorks 用户界面的底部，提供当前窗口正在编辑内容的状态、指针位置坐标、草图状态等信息。状态栏中典型的信息如下：

- 重建模型图标：在更改了草图或零件而需要重建模型时应用。
- 草图状态：在编辑草图过程中，状态栏会出现 5 种状态，即完全定义、过定义、欠定义、没有找到解、发现无效的解。在零件完成之前，最好完全定义草图。
- 快速提示帮助图标：它会根据 SolidWorks 的当前模式给出提示和选项，方便快捷。

4.2.4　任务窗格

图形区域右侧的任务窗格是与管理 SolidWorks 文件有关的一个工作窗口，任务窗格包含【SolidWorks 资源】、【设计库】和【文件探索器】等，如图 4-4 所示。通过任务窗格，用户可以查找和使用 SolidWorks 文件，调用常用设计数据和资源。

4.2.5　设计树

设计树位于操作界面的左侧。其中列出了活动文件中的所有零件、特征以及基准和坐标系等，并以树的形式显示模型结构。通过设计树可以很方便地查看及修改模型。

特征管理器（Feature Manager）设计树如图 4-5 所示。它提供了激活的零件、装配体或工程图的大纲视图，从而可以很方便地查看模型或装配体的构造情况，或者查看工程图中的不同图样和视图。

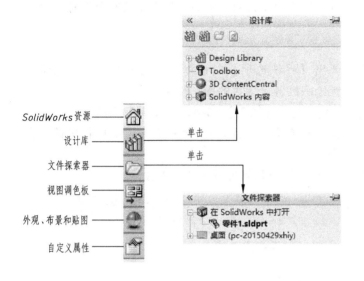

图 4-4　任务窗格

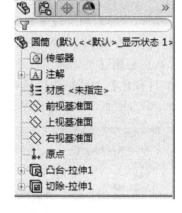

图 4-5　特征管理器设计树

特征管理器设计树和图形区是动态链接的。当一个特征创建后，就被添加到 Feature Manager 设计树中。

通过特征管理器设计树，用户可以快速实现如下操作：

1）以名称来选择模型中的项目：即可以通过在模型中选择其名称来选择特征、草图、基准面及基准轴。

2）可更改项目的名称：可在名称上双击以选择该名称，然后输入新的名称即可。

3）显示特征尺寸：双击特征的名称显示特征的尺寸。

4）更改特征的生成顺序：在特征管理器设计树中拖动项目可以重新调整特征的生成顺序。

5）使用特征管理器设计树退回控制棒可以将模型退回到早期状态的特征处。当模型处于退回控制状态时，可以增加新的特征或编辑已有的特征。利用退回控制棒还可观察零部件的建模过程。

6）修改模型：用鼠标右键单击特征，选择【编辑特征】或【编辑草图】。

7）用鼠标右键单击【注解】图标来控制尺寸和注解的显示。

8）压缩和解除压缩零件特征和装配体零部件。

9）查看父子关系：用鼠标右键单击特征，然后选择【父子关系】。

10）用鼠标右键单击某特征，在设计树中还可显示特征说明、零部件说明、零部件配置名称、零部件配置说明等。

11）将文件夹添加到特征管理器设计树中。

12）用鼠标右键单击【材质】图标来添加或修改零件的材质。

4.3 SolidWorks 工作环境设置

合理设置 SolidWorks 工作环境，进行个性化定制，对于提高工作效率具有重要意义。

4.3.1 系统选项设置

单击【工具】|【选项】命令，系统弹出【系统选项】对话框，利用该对话框可以设置草图、颜色、显示和工程图等参数。设置绘图区背景颜色的操作步骤如下：

1）在对话框中的【系统选项】选项卡中选择【颜色】选项，如图 4-6 所示。

2）在右侧【系统颜色】下拉列表框中选择【视区背景】，然后单击【编辑】按钮，在弹出的【颜色】对话框中选择所需的颜色。

3）单击图 4-6 中的【另存为方案】按钮，可将设置的颜色方案保存。

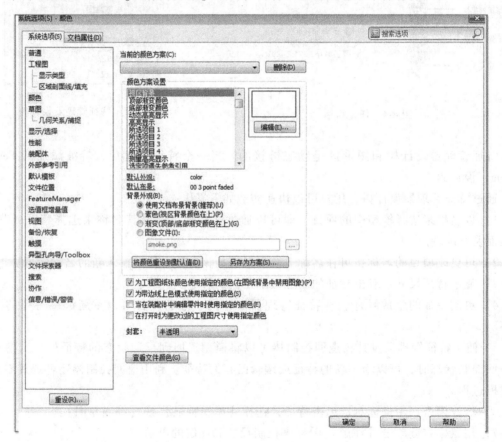

图 4-6 【系统选项-颜色】（设置背景）对话框

4.3.2 文档属性设置

单击【工具】|【选项】命令，系统弹出【系统选项】对话框，在该对话框中选择【文档属性】，弹出【文档属性-绘图标准】对话框，利用该对话框可以设置有关工程图及草图

的一些参数，如单位等。

在三维实体建模前，需要设置好系统的单位。

在弹出的【文档属性-绘图标准】对话框中，选择【单位】选项，右侧则出现单位设置的相关信息，根据自己的需要选择，即可完成单位设置。

例如，在【单位系统】选项组中选择【MMGS（毫米、克、秒）（C）】，将【基本单位】选项组中的【长度】选项的【小数】设置为无，然后单击【确定】按钮。

4.3.3　工具栏设置

进入 SolidWorks 系统后，在建模环境下可自定义工具栏。

自定义工具栏设置操作如下：

1）单击【工具】|【自定义】命令，或者在工具栏区域单击鼠标右键，选择【自定义】命令，系统弹出【自定义】对话框，如图 4-7 所示。

2）在【工具栏】选项卡中，勾选想显示的工具栏复选框；如果要隐藏已经显示的工具栏，取消工具栏复选框的勾选。然后单击【确定】按钮。

3）如果显示的工具栏位置不理想，可以将光标指向工具栏上按钮之间空白的地方，然后拖动工具栏到目标位置。

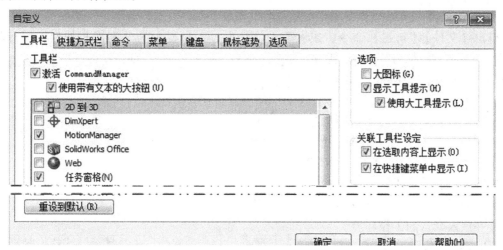

图 4-7　【自定义】对话框

4.3.4　工具栏命令按钮设置

进入 SolidWorks 系统后，在建模环境下可对工具栏命令按钮进行设置。

单击【工具】|【自定义】命令，或者在工具栏区域单击鼠标右键，选择【自定义】命令，系统弹出【自定义】对话框，单击【命令】标签，打开【命令】选项卡，可对不同命令类别的工具栏快捷按钮进行操作。

1）在工具栏上添加按钮：在【命令】选项卡中单击需要的命令按钮图标，将其拖到工具栏上的新位置，从而实现添加命令按钮到工具栏上的目的。

2）在 SolidWorks 用户界面中，还可对工具栏按钮进行如下操作。

① 从一工具栏上的一个位置拖动到另一个位置。

② 从一工具栏拖动到另一工具栏。

③ 从工具栏拖动到图形区域中，则将该按钮从工具栏上移除。

4.4 文件管理

4.4.1 创建用户文件夹

使用 SolidWorks 软件时，应该注意文件的目录管理。如果文件管理混乱，会造成系统找不到相关的文件，从而影响软件的全相关性。一般来说，在非 Windows 安装系统分区中，建立设计文件夹。在进行装配之前，零件的文件名要定义好，装配完成之后，不要再去更改零件的文件名，如果随意更改零件文件名或文件目录，会导致再次打开装配体时，找不到相应零件，导致打开装配体失效或丢失相应零件。同样，在生成工程图之前，零件或装配体的文件名也要定义好，生成工程图后也不要再去更改零件或装配体的文件名，否则会导致工程图打不开。

当零部件装配时，如果在弹出的【插入零部件】对话框中，勾选【使成为虚拟】选项，可将插入零件设置为虚拟的零件，装配好后在没有原始零件的情况下，装配图依然能打开。

4.4.2 新建文件

单击【文件】|【新建】命令，或者单击【标准】工具栏中的【新建】按钮，执行新建文件命令。系统弹出【新建 SolidWorks 文件】对话框，如图 4-8 所示。

SolidWorks 提供了三种不同类型的文件模板，分别为【零件】、【装配体】及【工程图】。单击【新建 SolidWorks 文件】对话框中需要创建文件类型的图标，就可以建立需要的文件，并进入默认的工作环境。

SolidWorks 软件对应上述三种文件的扩展名为：

1) SolidWorks 零件文件，扩展名为 . prt 或 . sldprt。

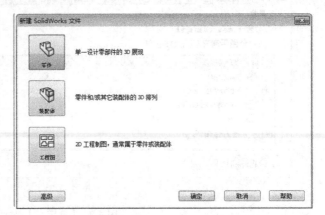

图 4-8 【新建 SolidWorks 文件】对话框

2) SolidWorks 装配体文件，扩展名为 . asm 或 . sldasm。

3) SolidWorks 工程图文件，扩展名为 . drw 或 . slddrw。

4.4.3 打开文件

单击【文件】|【打开】命令，或者单击【标准】工具栏中的【打开】按钮，执行打开文件命令。系统弹出【打开】对话框，在【打开】对话框的右下角处【快速过滤器】区域有过滤器零件、过滤器装配体、过滤器工程图、过滤器顶级装配体以供用户进行零件类型的筛选。在【文件类型】下拉列表框中选择文件类型，并不限于 SolidWorks 类型的文件，还

可调用其他软件所形成的文件。

4.4.4　保存文件

单击【文件】|【保存】命令，或者单击【标准】工具栏中的【保存】按钮，在弹出的
对话框中输入要保存的文件名，以及
该文件保存的路径，便可以将当前文
件保存。也可选择【另存为】选项，
弹出【另存为】对话框，如图 4-9 所
示。在该对话框中更改将要保存的文
件路径和文件名后，单击【保存】按
钮即可将创建好的文件保存到指定的
文件夹中。对话框中各功能如下：

【保存位置】：用于选择文件存放
的文件夹。

【文件名】：在该文本框中输入自
行命名的文件名，或用默认的文件名。

【保存类型】：下拉列表框中，并

图 4-9　【另存为】对话框

不限于 SolidWorks 文件，也可存为其他类型文件，方便其他软件调用并编辑。

【另存备份档】：将文件保存为新的文件名，而不替换激活的文件。

【参考】：显示被当前所选装配体或工程图所参考的文件清单，用户可以编辑所列文件
的位置。

单击【文件】|【保存所有】命令，可将 SolidWorks 图形区中存在的多个文档全部保存在
各自文件夹中。

将 SolidWorks 工程图文件（扩展名为 .drw）另存为 AutoCAD 类型文件（扩展名为
.dwg），可将该工程图文件在 AutoCAD 环境下打开并对图形进行修改。

4.5　综合实例——文件管理及视图操作

本实例介绍圆筒零件的打开、保存、视图操作等。

步骤 1：打开文件。

单击【标准】工具栏中的【打开】按钮，打开【打开】对话框，如图 4-10 所示。

选择【圆筒】零件。

单击【打开】按钮。

步骤 2：显示等轴测图。

单击【视图定向】工具栏的【等轴测】按钮，显示模型的等轴测图，如图 4-11 所示。

步骤 3：显示隐藏线。

单击【显示样式】工具栏中的【隐藏线可见】按钮，显示模型的视图，如图 4-12a
所示。

步骤 4：消除隐藏线。

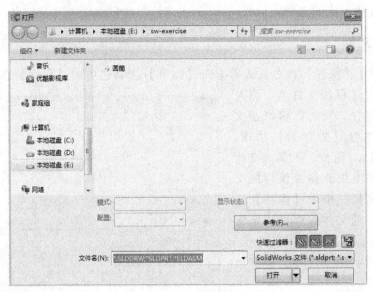

图 4-10　打开文件

单击【显示样式】工具栏中的【隐藏隐藏线】按钮，显示模型
的视图，如图 4-12b 所示。

步骤 5：显示线架图。

单击【显示样式】工具栏中的【线架图】按钮，显示模型的线
架图，如图 4-12c 所示。

步骤 6：显示前视图。

图 4-11　等轴测图

a) 显示隐藏线

b) 消除隐藏线

c) 显示线架图

图 4-12　显示样式图

单击【视图定向】工具栏中的【前视】按钮，显示模型
的前视图，如图 4-13 所示。

步骤 7：显示等轴测图。

单击【视图定向】工具栏中的【等轴测】按钮，显示模
型的等轴测图。

步骤 8：显示带边线上色图。

单击【显示样式】工具栏中的【带边线上色】按钮，显
示带边线上色模型图。

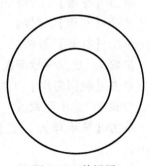

图 4-13　前视图

步骤 9：新建文件。

单击【标准】工具栏中的【新建】按钮，打开【新建 SolidWorks 文件】对话框。选择【零件】按钮，单击【确定】按钮。

步骤 10：平铺窗口。

单击【窗口】|【纵向平铺】命令，设置两个文件的窗口显示，如图 4-14 所示。

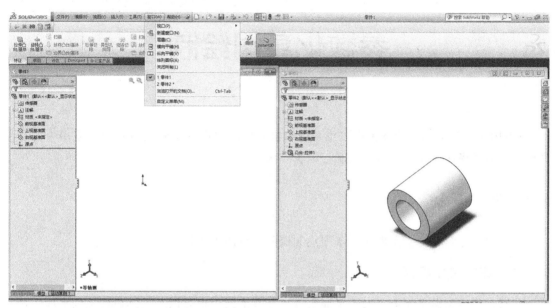

图 4-14　平铺窗口

步骤 11：激活窗口。

单击【窗口】|【圆筒】命令，则【圆筒】文件所在窗口被激活。

步骤 12：另存为文件图片。

单击【文件】|【另存为】命令，弹出【另存为】对话框。

在【文件名】文本框中输入文件名。

在【保存类型】下拉列表框中选择 JPEG。

单击【保存】按钮。

步骤 13：另存为零件文件。

单击【文件】|【另存为】命令，弹出【另存为】对话框。

在【文件名】文本框中输入文件名。

在【保存类型】下拉列表框中选择默认的零件（ ∗ . prt；∗ . sldprt）。

单击【保存】按钮。

第5章

参数化草图绘制

SolidWorks 的大部分特征是由二维草图绘制开始的，草图绘制在该软件的使用中占有重要地位。本章将详细介绍草图的绘制与编辑方法。

5.1　基本概念

本节主要介绍草图工作界面、草图绘制流程、草图工具栏。

5.1.1　草图工作界面

草图必须绘制在平面上，这个平面既可以是基准面，也可以是三维模型上的平面。初始进入草图绘制状态时，系统默认有三个基准面：前视基准面、右视基准面和上视基准面，如图 5-1 所示。零件的初始草图绘制从系统默认的基准面开始。

绘制草图既可以先选择草图绘制实体，也可以先指定绘制草图所在的平面，具体根据实际情况灵活运用。

1）选择草图绘制实体的方式进入草图绘制。

① 单击【插入】|【草图绘制】命令，或者单击【草图】工具栏中的【草图绘制】按钮，或者直接单击【草图】工具栏中要绘制的草图实体，此时图形区会显示系统默认的基准面，如图 5-1 所示。

② 单击选择图形区三个基准面中的一个，确定要在哪个平面上绘制草图。

③ 单击【视图定向】工具栏中的【正视于】按钮，使基准面旋转到正视于绘图者方向。

2）选择草图绘制基准面的方式进入草图绘制。

① 在特征管理器设计树中选择要绘制草图的基准面，即前视基准面、右视基准面和上视基准面中的一个面。

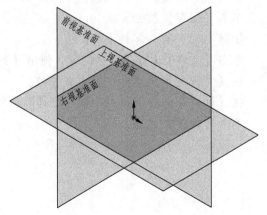

图 5-1　默认的基准面

② 单击【视图定向】工具栏中的【正视于】按钮，使基准面旋转到正视于绘图者方向。

③ 单击【草图】工具栏中的【草图绘制】按钮，或者直接单击【草图】工具栏中要绘制的草图实体按钮，进入草图绘制状态。

1. 【草图】工具栏

图 5-2 所示为常用的【草图】工具栏，工具栏中有绘制草图命令按钮、编辑草图命令按钮及其他草图命令按钮。

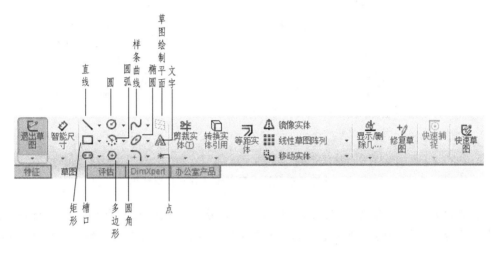

图 5-2 【草图】工具栏

2. 状态栏

当草图处于激活状态，绘图窗口底部的状态栏会显示草图状态，绘制实体时显示鼠标指针位置的坐标。

1）显示【欠定义】【完全定义】或者【过定义】等草图状态。

2）如果工作时草图网格线处于关闭状态，提示处于绘制状态，如【在编辑 草图1】。

3）当鼠标指针指向菜单命令或者工具按钮时，状态栏的左侧会显示此命令或按钮的简要说明。

3. 草图原点

激活的草图原点为红色。零件图中每个草图都有自己的原点。当草图打开时，不能关闭对其原点的显示。

5.1.2　草图绘制流程

绘制草图的流程很重要，需考虑先从哪里入手来绘制复杂草图。下面介绍绘制的流程。

（1）生成新文件　单击【文件】|【新建】命令，或者单击【标准】工具栏中的【新建】按钮，打开【新建 SolidWorks 文件】对话框，选择【零件】图标，单击【确定】按钮。

（2）进入草图绘制　单击【插入】|【草图绘制】命令，或者单击【草图】工具栏中的【草图绘制】按钮，或者单击【草图】工具栏中要绘制的草图实体，进入草图绘制状态。如果已经有草图或零件，也可鼠标右键单击特征管理器设计树中的草图或零件的图标，在弹出

的快捷菜单中单击【编辑草图】命令。

（3）选择基准面 选择一基准面。在默认情况下，新草图在前视基准面中打开。

（4）视图定向 单击【视图】工具栏中的【视图定向】按钮，在弹出的菜单中选择【正视于】图标，将视图切换成指定平面的法线方向，如图 5-3a 所示。如果操作错误或需要修改时，可单击【视图】|【修改】|【视图定向】命令，在弹出的【方向】对话框中单击【更新标准视图】按钮重新定向，如图 5-3b 所示。

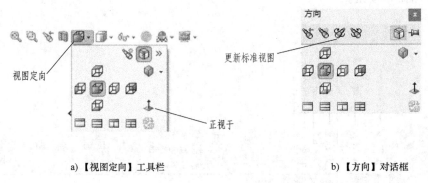

a)【视图定向】工具栏　　　　　　　　　　　　b)【方向】对话框

图 5-3 【视图定向】工具栏和【方向】对话框

（5）选择切入点 在设计零件基础特征时常面临这样的选择。利用一个复杂轮廓的草图生成拉伸特征，与利用一个简单轮廓的草图生成拉伸特征再添加几个额外的特征，具有相同的结果。

（6）绘制草图 使用各种草图工具绘制草图实体，如直线、矩形、圆、样条曲线等。

（7）属性设置 在属性管理器中对绘制的草图进行属性设置，或单击【工具】|【几何关系】|【添加】命令，添加几何关系，或单击【草图】工具栏中的【智能尺寸】按钮进行尺寸标注。

（8）关闭草图 完成并检查草图绘制后，单击【草图】工具栏中的【退出草图】按钮，或单击视图窗口右上角的【退出草图】图标可完成当前草图绘制，并退出草图绘制状态。

5.1.3 草图选项

1. 设置草图的系统选项

单击【工具】|【选项】命令，系统弹出【系统选项】对话框，选择【草图】选项并进行设置，如图 5-4 所示，完成后单击【确定】按钮。选中相应的复选框，其含义如下：

1）【在草图生成时垂直于草图基准面自动旋转视图】：可启用自动正视于所选草图基准面这一功能。

2）【使用完全定义草图】：生成特征的草图必须完全定义。

3）【在零件/装配体草图中显示圆弧中心点】：草图中显示圆弧中心点。

4）【在零件/装配体草图中显示实体点】：草图实体的端点以实心原点的方式显示，该点的颜色反映实体的状态，即黑色为【完全定义】，蓝色为【欠定义】，红色为【过定义】，绿色为【当前所选定的草图】。无论如何设置，过定义的点与悬空的点总是会显示。

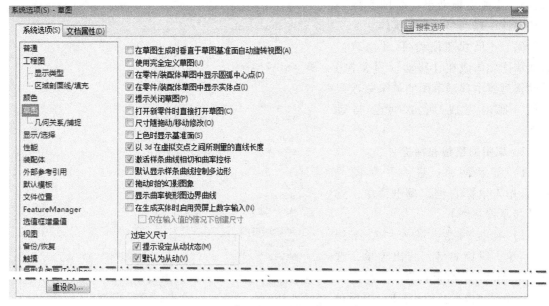

图 5-4　【系统选项-草图】对话框

5)【提示关闭草图】：如果生成一个开环轮廓，且可用模型的边线封闭的草图，系统会弹出提示信息：【封闭草图至模型边线？】。

6)【打开新零件时直接打开草图】：新零件窗口在前视基准面中打开。可直接绘制草图。

7)【尺寸随拖动/移动修改】：可通过拖动草图实体或在【移动】、【复制】属性管理器中移动实体以修改尺寸值，拖动后，尺寸自动更新。

8)【上色时显示基准面】：在上色模式下编辑草图时，基准面被着色。

9)【以 3d 在虚拟交点之间所测量的直线长度】：从虚拟交点处测量直线长度。

10)【激活样条曲线相切和曲率控标】：系统会自动为相切和曲率显示样条曲线的控标。

11)【默认显示样条曲线控制多边形】：系统显示控制多边形以操纵样条曲线的形状。

12)【拖动时的幻影图像】：当用户拖动草图时，系统显示草图实体原有位置的幻影图像。

13)【过定义尺寸】包括以下两个选项：

①【提示设定从动状态】：当添加一过定义尺寸到草图时，系统会弹出【将尺寸设为从动？】对话框。

②【默认为从动】：当添加一过定义尺寸到草图时，系统会将尺寸默认设定为从动。

2. 草图设定

单击【工具】|【草图设定】命令，展开【草图设定】菜单，如图 5-5 所示。

1)【自动添加几何关系】：在绘制草图时自动生成几何关系。

2)【自动求解】：自动求解零件的草图几何体。

3)【激活捕捉】：可激活快速捕捉功能。

4)【移动时不求解】：可在不解出尺寸和几何关系时，移动草图实体。

5）【独立拖动单一草图实体】：要从实体中拖动单一草图实体。

6）【尺寸随拖动/移动修改】：拖动草图实体或在【移动】、【复制】属性管理器中移动草图实体来修改尺寸值，拖动完成后，尺寸会自动更新。

3. 草图网格线和捕捉

1）显示网格：进入"草图绘制"，单击鼠标右键，弹出菜单，选择【显示网格线】。

2）捕捉网格：进入"草图绘制"，单击鼠标右键，弹出菜单，选择【几何关系/捕捉选项】，弹出对话框，在右侧勾选【网格】，然后单击【确定】按钮。

图 5-5 【草图设定】菜单

网格线和捕捉功能在 SolidWorks 中不太使用，是因为 SolidWorks 是参变量式设计，草图网格线和捕捉功能不像 AutoCAD 那么重要。

5.2 绘制草图

本节主要介绍草图的绘制。

单击【草图】工具栏中相应绘制草图符号旁边的黑三角，显示下拉图标菜单，如图 5-6 所示。

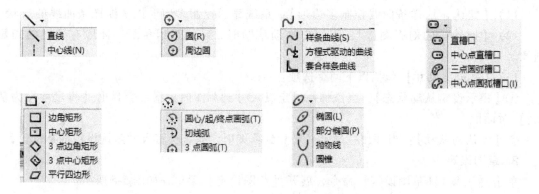

图 5-6 草图绘制下拉图标

绘图命令的输入一般通过菜单选择或单击工具栏上对应的图标按钮来实现。

绘图命令的退出可采用下列方法来实现。

方法一：再次单击【草图】工具栏中对应的图标按钮。

方法二：按〈Esc〉键。

方法三：单击【标准】工具栏中的【选择】按钮，或单击鼠标右键，选择【选择】命令。

方法四：单击相应属性管理器中的【√】按钮，完成图形的绘制，

退出点、直线、多边形、样条曲线命令可采用前面的三种方法。退出圆、圆弧、矩形、椭圆命令四种方法均可。

5.2.1 绘制直线与中心线

1. 绘制直线

绘制方法与步骤如下：

① 单击【工具】|【草图绘制实体】|【直线】命令，或单击【草图】工具栏中的【直线】按钮，系统弹出【插入线条】属性管理器。

② 选择直线的起始点。在图形中任意位置单击，以确定直线的起始点，此时可以看到一条"橡皮筋"线附着在鼠标指针上。

③ 选择直线的终止点。在图形中任意位置单击，以确定直线的终止点，系统便在两点间创建一条直线，并且在直线的终点处看到另一条"橡皮筋"线。

④ 创建直线后，系统弹出【线条属性】管理器。

⑤ 草图绘制完毕后，再次单击【草图】工具栏中的【直线】按钮，结束直线命令。

绘制图 5-7 所示直线。当光标变成图 5-7a 或图 5-7b 所示的形状时，表明自动加入了几何关系。

a) 自动加入水平的几何关系　　b) 自动加入竖直的几何关系　　c) 任意角度直线

图 5-7　绘制直线

【插入线条】属性管理器以及【线条属性】属性管理器各选项的含义如图 5-8a、b 所示。

2. 绘制中心线

中心线又称为构造线，主要用于对称图形的对称轴线、草图镜像时的镜像线、生成旋转特征所用的草图旋转轴线及其他辅助线。中心线的各参数的设置与直线相同，只是在【选项】选项组中勾选【作为构造线】默认选项。

单击【工具】|【草图绘制实体】|【中心线】命令，或单击【草图】工具栏中的【中心线】按钮，打开【插入线条】属性管理器。中心线的绘制过程与直线的绘制完全一致，只是中心线显示为点画线。

a)【插入线条】属性管理器设置

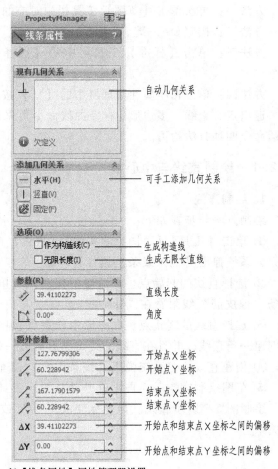

b)【线条属性】属性管理器设置

图 5-8　直线属性管理器

5.2.2　绘制圆

单击【工具】|【草图绘制实体】|【圆】命令，或单击【草图】工具栏中的【圆】按钮，打开【圆】属性管理器。圆的绘制方式有中心圆和周边圆两种，如图 5-9 所示。

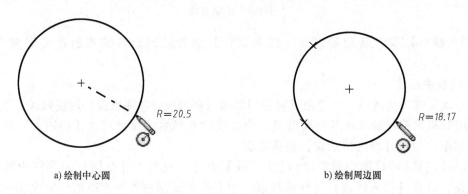

a) 绘制中心圆　　　　　　　　　　　　　b) 绘制周边圆

图 5-9　绘制圆两种方法

中心圆：通过定义中心点和半径来创建圆。

周边圆：通过选取圆上的三点来创建圆。

当以某一种方式绘制圆以后，更新【圆】属性管理器内容。【圆】属性管理器各选项的含义如图 5-10 所示。

勾选【作为构造线】复选框，可绘制中心线圆（构造圆）。

5.2.3　绘制圆弧

圆弧的绘制方法有三种：

方法 1：圆心、起点、终点绘制圆弧。

方法 2：切线弧——确定圆弧的一个切点和弧上的另一个点来绘制圆弧。

方法 3：三点圆弧——确定圆弧的两个端点和弧上的一个附加点来绘制圆弧。

单击【草图】工具栏中的【圆心/起/终点画弧】按钮、【切线弧】按钮或【三点圆弧】按钮，可分别绘制以上三种圆弧，如图 5-11 所示。

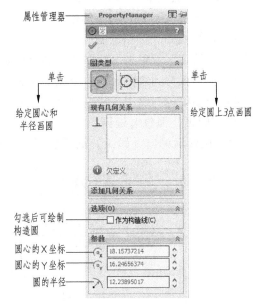

图 5-10　【圆】属性管理器

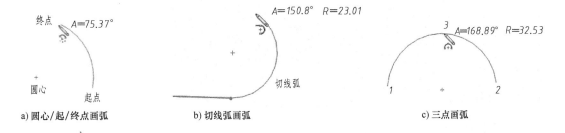

a) 圆心/起/终点画弧　　b) 切线弧画弧　　c) 三点画弧

图 5-11　绘制圆弧的三种方法

1. 通过圆心/起/终点画弧的操作方法

1）单击【工具】|【草图绘制实体】|【圆心/起/终点画弧】命令，或者单击【草图】工具栏中的【圆心/起/终点画弧】按钮，开始绘制圆弧。

2）在绘图区域单击鼠标左键，确定圆弧的圆心。

3）在绘图区域合适的位置，单击鼠标左键确定圆弧的起点。

4）在绘图区域合适的位置，单击鼠标左键确定圆弧的终点。

2. 绘制切线弧的操作方法

1）单击【工具】|【草图绘制实体】|【切线弧】命令，或者单击【草图】工具栏中的【切线弧】按钮。

2）在已经存在草图实体的端点处，单击鼠标左键，本例以图 5-11b 所示的直线的右端点为切线弧的起点。

3）拖动鼠标在绘图区域中合适的位置确定切线弧的终点，单击鼠标左键确认。

3. 绘制三点圆弧的操作方法

1）单击【工具】|【草图绘制实体】|【三点圆弧】命令，或者单击【草图】工具栏中的【三点圆弧】按钮，开始绘制圆弧。

2）在绘图区域单击鼠标左键，确定圆弧的起点。

3）拖动鼠标到绘图区域中合适的位置，单击鼠标左键确认圆弧终点的位置。

4）拖动鼠标到绘图区域中合适的位置，单击鼠标左键确认圆弧中点的位置。

4.【圆弧】属性管理器

绘制圆弧后弹出【圆弧】属性管理器，各选项含义如图5-12所示。

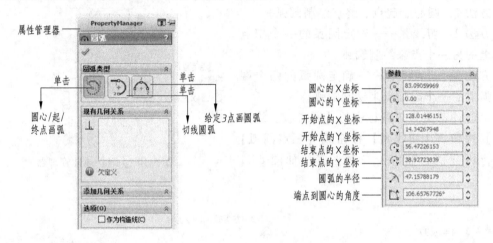

图5-12 【圆弧】属性管理器

5.2.4 绘制矩形

绘制矩形有五种方法：

方法1：边角矩形——通过定义矩形的两对角线顶点来绘制矩形。

方法2：中心矩形——通过定义矩形的中心点和一个顶点来绘制矩形。

方法3：三点边角矩形——通过定义矩形的三个顶点来绘制矩形。

方法4：三点中心矩形——通过定义矩形中心点、一边中点、一边终点来绘制矩形。

方法5：平行四边形——通过定义三个角顶点来绘制平行四边形。

单击【工具】|【草图绘制实体】|【矩形】命令，或单击【草图】工具栏中的【矩形】按钮，弹出【矩形】属性管理器，单击不同按钮，可用不同方法绘制矩形或平行四边形。【矩形】属性管理器各选项含义如图5-13所示。

5.2.5 绘制多边形

多边形命令用于绘制边数为3~40的等边多边形，单击【工具】|【草图绘制实体】|【多边形】命令，或单击【草图】工具栏中的【多边形】按钮，打开【多边形】属性管理器。

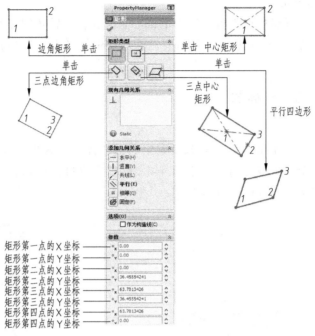

图 5-13　【矩形】属性管理器

【多边形】属性管理器各选项含义如图 5-14 所示。

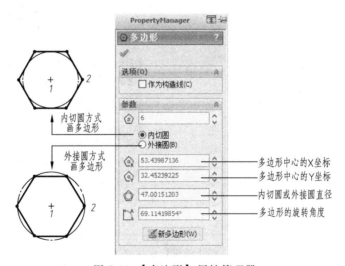

图 5-14　【多边形】属性管理器

绘制多边形的操作方法如下：

1）单击【工具】|【草图绘制实体】|【多边形】命令，或者单击【草图】工具栏中的【多边形】按钮。

2）在【多边形】属性管理器的【参数】选项组中，设置多边形的边数，选择是【内切圆】模式还是【外接圆】模式。

3）在绘图区域单击鼠标左键，确定多边形的中心，拖动鼠标，在合适的位置单击鼠标左键，确定多边形的形状。

4）在【参数】选项组中，设置多边形的圆心、直径及旋转角度等参数。

5）如果继续绘制另一个多边形，单击属性管理器中的【新多边形】按钮，然后重复上述步骤即可。

5.2.6 绘制椭圆与部分椭圆

1. 绘制椭圆

椭圆是由中心点、长轴长度与短轴长度确定的，三者缺一不可。单击【工具】|【草图绘制实体】|【椭圆】命令，或单击【草图】工具栏中的【椭圆】按钮，即可绘制椭圆，【椭圆】属性管理器各选项含义如图 5-15a 所示。

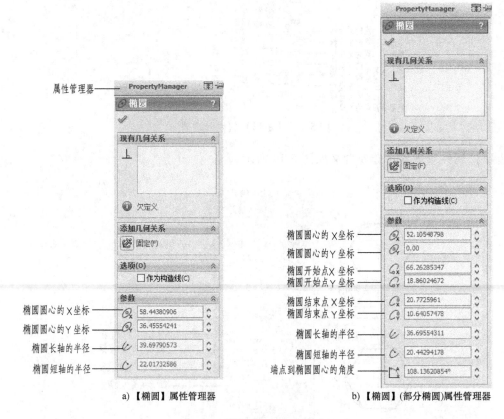

a)【椭圆】属性管理器　　　　　b)【椭圆】(部分椭圆)属性管理器

图 5-15　【椭圆】属性管理器

绘制椭圆的操作方法如下：

1）单击【工具】|【草图绘制实体】|【椭圆】命令，或者单击【草图】工具栏中的【椭圆】按钮。

2）在绘图区域合适的位置单击鼠标左键，确定椭圆的中心。

3）拖动鼠标，在鼠标附近会显示椭圆的长半轴 R 和短半轴 r。在图中合适的位置单击鼠标左键，确定椭圆的长半轴 R。

4）拖动鼠标，在图中合适的位置，单击鼠标左键，确定椭圆的短半轴 r。

5）在【椭圆】属性管理器中，根据设计需要对椭圆中心坐标以及长半轴和短半轴的长度进行修改。

2. 绘制部分椭圆

1）单击【工具】|【草图绘制实体】|【部分椭圆】命令，系统弹出【椭圆】属性管理器，如图 5-15b 所示。

2）在绘图区域合适的位置单击鼠标左键，确定椭圆的中心。

3）拖动鼠标并单击定义椭圆的第一个轴。

4）拖动鼠标并单击定义椭圆的第二个轴，保留圆周引导线。

5）围绕圆周拖动鼠标定义部分椭圆的范围。

5.2.7　绘制样条曲线

定义样条曲线的点至少三个，中间为型值点，两端为端点。样条曲线的拐点处是圆滑过渡的。

1. 绘制方法

1）单击【工具】|【草图绘制实体】|【样条曲线】命令，或者单击【草图】工具栏中的【样条曲线】按钮。

2）定义样条曲线的控制点。单击一系列点，可观察到一条"橡皮筋"线附着在鼠标的指针上。

3）按〈Esc〉键，结束样条曲线的绘制，如图 5-16a 所示。

选择样条曲线，显示样条曲线的控制点，如图 5-16b 所示。对这些点修改，就可改变样条曲线的形状。

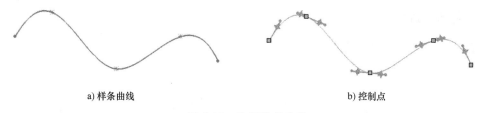

a) 样条曲线　　　　　　　　　　　　b) 控制点

图 5-16　绘制样条曲线

2. 插入样条曲线型值点

鼠标右键单击样条曲线，在弹出的快捷菜单中单击【插入样条曲线型值点】命令，然后在需要添加的位置单击即可。

3. 删除样条曲线型值点

单击选择要删除的点，然后按〈Delete〉键即可。

4. 属性设置

【样条曲线】属性管理器各选项的含义及参数设置如图 5-17 所示。

5.3　草图的编辑

常用的草图编辑工具有绘制圆角、绘制倒角、草图剪裁、草图延伸、镜像草图、线性阵

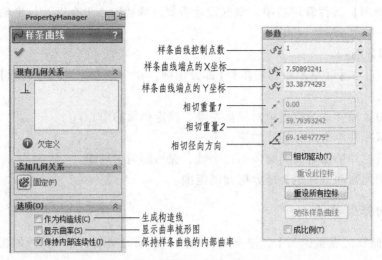

图 5-17 【样条曲线】属性管理器

列草图、圆周阵列草图、等距实体、转换实体引用等。单击【草图】工具栏中相应符号旁边的黑三角处，显示下拉图标菜单，如图 5-18 所示。

图 5-18 【草图编辑】下拉图标菜单

5.3.1 绘制圆角

以图 5-19 为例，说明圆角的操作方法。

图 5-19 绘制圆角

1）启动圆角命令。单击【工具】|【草图工具】|【圆角】命令，或者单击【草图】工具栏中的【绘制圆角】按钮，弹出图 5-20 所示的【绘制圆角】属性管理器。

2）输入参数。在【绘制圆角】属性管理器中，设置圆角的半径。

3）选择实体。选择倒圆角边。分别选取图 5-19 所示的两条直线。

4）单击【绘制圆角】属性管理器中的【√】按钮，完成圆角的绘制。

说明：在绘制圆角过程中，系统会自动创建一些约束。

5.3.2　绘制倒角

绘制倒角命令是将倒角应用到相邻的草图实体中，此工具在 2D 和 3D 草图中均可使用。单击【工具】|【草图工具】|【倒角】命令，或者单击【草图】工具栏中的【绘制倒角】按钮，弹出【绘制倒角】属性管理器。

以图 5-21 为例，说明倒角的操作方法。

1）启动倒角命令。单击【工具】|【草图工具】|【倒角】命令，或者单击【草图】工具栏中的【绘制倒角】按钮，弹出【绘制倒角】属性管理器。

2）定义倒角参数。采用系统默认的【距离-距离】倒角方式，取消选中【相等距离】复选框，在【距离 1】文本框中输入距离 15，在【距离 2】文本框中输入距离 20。

3）选择实体。分别选取图 5-21 所示的两条直线。

4）单击【绘制倒角】属性管理器中的【√】按钮，完成倒角的绘制。

图 5-20　【绘制圆角】属性管理器

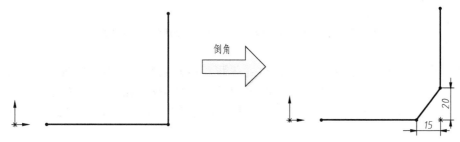

图 5-21　绘制倒角

【绘制倒角】属性管理器及绘制倒角的三种情况如图 5-22 所示。

属性设置

①【角度距离】：以【角度距离】方式绘制倒角。

②【距离-距离】：以【距离-距离】方式绘制倒角。

③【相等距离】：勾选此复选框，采用【相等距离】方式绘制倒角；取消勾选，则可设置不同的距离。

④【距离 1】文本框：用于输入距离 1。

⑤【角度】文本框：用于输入角度。

⑥【距离 2】文本框：用于输入距离 2。

5.3.3　等距实体

等距实体命令是按指定的距离等距一个或者多个草图实体、所选模型边线或模型面。

以图 5-23 为例说明等距实体的操作方法。

示例 1：

1）启动等距实体命令。单击【工具】|【草图工具】|【等距实体】命令，或者单击【草

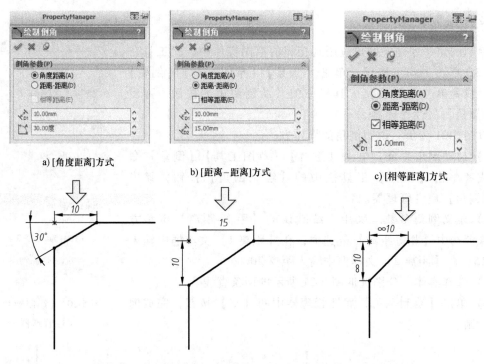

a)[角度距离]方式 b)[距离-距离]方式 c)[相等距离]方式

图 5-22 【绘制倒角】属性管理器及绘制倒角的三种情况

图】工具栏中的【等距实体】按钮，弹出【等距实体】属性管理器，如图 5-24 所示。

2）定义参数。在绘图区域中选择图 5-23 所示的图形，在【等距实体】属性管理器【距离】文本框中输入数值 10.00mm，勾选【添加尺寸】、【选择链】复选框，其他按照默认设置。

3）确定。单击【等距实体】属性管理器中的【√】按钮，完成等距实体的绘制。

示例 2：

1）启动等距实体命令。

2）定义参数。在绘图区域中选取一条直线，在【等距实体】属体管理器【距离】文本框中输入数值 10.00mm，勾选【添加尺寸】、【双向】、【顶端加盖】（选中【圆弧】）、【制作基体结构】复选框。

3）确定。完成等距实体的绘制，如图 5-23 所示。

5.3.4 转换实体引用

转换实体引用可以将其他草图或者实体的轮廓线转换至当前草图，使其成为当前草图的图元实体。引用能加快草图绘制过程，并与引用部分保持一致。如果在 3D 草图中使用，该线条与原型重合，如果在平面草图中使用，该线条是原型在该草图中的投影。

1. 转换草图实体引用

转换草图实体引用参考步骤如图 5-25a 所示。

1）绘制图形并建立基准面 1。在前视面上绘出图 5-25a 左侧所示的图形。单击【插入】|【参考几何体】|【基准面】命令，选择前视面，在【偏移距离】文本框中输入 20mm，单击

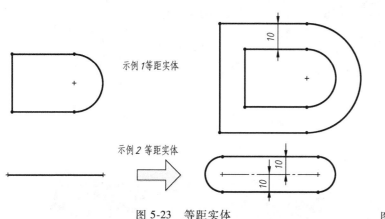

图 5-23　等距实体

图 5-24　【等距实体】属性对话框

【基准面】属性管理器中的【√】按钮，完成基准面 1 的绘制。

2）进入草绘。单击选择基准面 1，然后单击【草图】工具栏中的【草图绘制】按钮，进入草图绘制状态。

3）启动转换实体命令。单击【工具】|【草图工具】|【转换实体引用】命令，或者单击【草图】工具栏中的【转换实体引用】按钮，弹出如图 5-26a 所示的【转换实体引用】属性管理器。

4）选择实体。单击选择四条直线和圆，显示为淡蓝色线。

5）确定。单击【转换实体引用】属性管理器中的【√】按钮，完成转换实体引用命令，可以看到刚才选中的线出现在了基准面 1 上。

2. 转换模型实体引用

转换模型实体引用参考步骤如图 5-25b 所示。

1）绘制图形。绘出图 5-25b 左侧所示的图形。

2）进入草绘。单击选择基准面 1，然后单击【草图】工具栏中的【草图绘制】按钮，进入草图绘制状态。

3）启动转换实体命令。单击【工具】|【草图工具】|【转换实体引用】命令，或者单击【草图】工具栏中的【转换实体引用】按钮，弹出如图 5-26b 所示的【转换实体引用】属性管理器。

4）选择实体。单击选择长方体前面的四条外边缘线和圆，显示为淡蓝色线。

5）确定。单击【转换实体引用】属性管理器中的【√】按钮，完成转换实体引用命令，可以看到刚才选中的线出现在了基准面 1 上。

5.3.5　剪裁草图

使用剪裁命令可以剪裁或延伸草图实体，也可删除草图实体。单击【工具】|【草图工具】|【剪裁】命令，或者单击【草图】工具栏中的【剪裁实体】按钮，系统弹出图 5-27 所示的【剪裁】属性管理器。

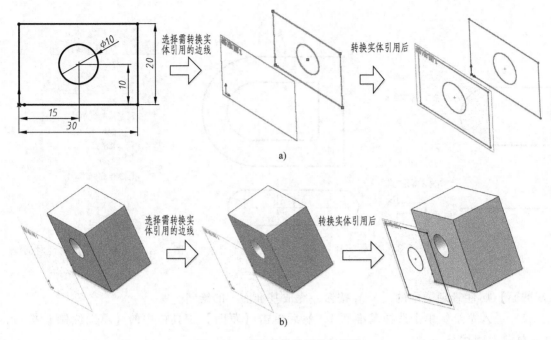

图 5-25　转换实体引用绘制图形

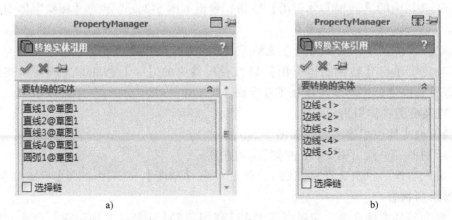

图 5-26　【转换实体引用】属性管理器

1. 属性设置

1）【信息】提示框。【信息】提示框的内容随【选项】中裁剪方式的不同而不同。进行剪裁操作时，应根据【信息】提示框的提示进行。

2）【选项】选项组。

① 【强劲剪裁】：通过将光标拖过每个草图实体来剪裁草图实体，如图 5-28 所示。

② 【边角】：剪裁两个草图实体，直到它们在虚拟边角处相交，如图 5-29 所示。

③ 【在内剪除】：剪裁位于两个所选边界实体内的草图实体，如图 5-30 所示。

④ 【在外剪除】：剪裁位于两个所选边界实体之外的草图实体，如图 5-31 所示。

⑤ 【剪裁到最近端】：将一草图实体剪裁到最近交叉实体端，如图 5-32 所示。

图 5-28　【强劲裁剪】方式

图 5-27　【裁剪】属性管理器

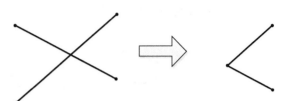

图 5-29　【边角】方式

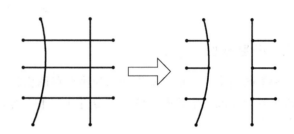

图 5-30　【在内剪除】方式

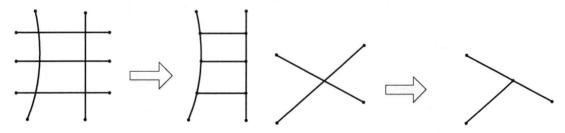

图 5-31　【在外剪除】方式　　　　图 5-32　【剪裁到最近端】方式

2. 剪裁草图实体命令的操作方法

1）启动剪裁命令。单击【工具】|【草图工具】|【剪裁】命令，或者单击【草图】工具栏中的【剪裁实体】按钮，弹出【剪裁】属性管理器。

2）设置剪裁模式。在【选项】选项组中，选择【剪裁到最近端】方式。

3）选择需要剪裁的草图实体。单击选择图 5-32 中右上角的直线段。

4）确定。单击【剪裁】属性管理器中的【√】按钮，完成剪裁草图实体。

5.3.6　延伸草图

延伸草图实体命令可以将一草图实体延伸至另一个草图实体。单击【工具】|【草图工

具】|【延伸】命令，或者单击【草图】工具栏中的【延伸实体】按钮，执行延伸草图实体命令。

以图 5-33 为例，说明延伸草图实体的操作方法。

1）启动延伸命令。单击【工具】|【草图工具】|【延伸】命令，或者单击【草图】工具栏中的【延伸实体】按钮。

2）定义延伸的草图实体。单击图 5-33 所示的直线，系统自动将该直线延伸到最近的边界。

3）按〈Esc〉键完成延伸操作。

图 5-33　延伸草图

5.3.7　分割草图

分割草图是将一个草图实体分割为多个草图实体。反之，也可以删除一个分割点，将两个草图实体合并成一个草图实体。单击【工具】|【草图工具】|【分割实体】命令，执行分割草图实体命令。

以图 5-34 为例，说明分割草图实体的操作方法。

1）启动分割草图命令。单击【工具】|【草图工具】|【分割实体】命令。

2）定义分割对象及位置。单击要分割的位置，系统在单击处断开了草图实体，如图 5-34所示，将圆弧分为两部分。

3）按〈Esc〉键完成分割操作。

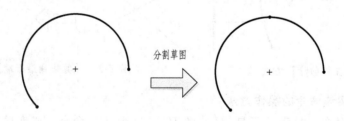

图 5-34　分割草图

5.3.8　镜像草图

在绘制草图时，经常要画对称图形，这时可用镜像实体命令来实现。镜像操作是以一条直线（或轴）为对称中心线复制所选中的草图实体，可以保留原草图实体，也可以删除原草图实体。单击【工具】|【草图工具】|【镜像】命令，或者单击【草图】工具栏中的【镜像

实体】按钮，打开【镜像】属性管理器，如图 5-35 所示。

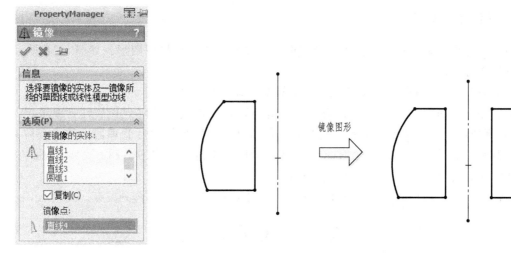

图 5-35 【镜像】属性管理器和镜像草图

1. 镜像现有草图实体

以图 5-35 为例说明镜像现有草图实体的操作。

1) 启动镜像实体命令。单击【工具】|【草图工具】|【镜像】命令，或者单击【草图】工具栏中的【镜像实体】按钮，系统弹出【镜像】属性管理器。

2) 选择要镜像的草图实体。在绘图区域中选择要镜像的草图实体，如图 5-35 所示的竖直中心线左侧的图形。

3) 定义镜像中心线。在【镜像点】下面的框中用鼠标单击激活镜像线选择项，然后在绘图区域中选取竖直中心线，作为镜像中心线。

4) 确定。单击【镜像】属性管理器中的【√】按钮，草图实体镜像完毕。

2. 动态镜像草图实体

以图 5-36 为例说明动态镜像草图实体的操作。

1) 在草图状态下，先绘制一条中心线，并选中它。

2) 选择动态镜像命令。单击【工具】|【草图工具】|【动态镜像】命令，此时对称符号出现在中心线的两端。

3) 单击【草图】工具栏中的【直线】按钮，在中心线的一侧绘制直线，此时另一侧会动态地镜像出绘制的草图。

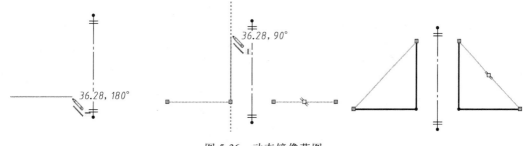

图 5-36 动态镜像草图

4）草图绘制完毕后，再次单击【草图】工具栏中的【直线】按钮，结束该命令。

5.3.9　线性草图阵列

线性草图阵列就是将草图实体沿一个或两个轴复制生成多个排列图形，如图 5-37 所示。现说明其操作方法。

1）启动线性阵列命令。单击【工具】|【草图工具】|【线性阵列】命令，或者单击【草图】工具栏中的【线性草图阵列】按钮，弹出图 5-38 所示的【线性阵列】属性管理器。

2）选择要阵列的草图实体并设置各参数。单击【线性阵列】属性管理器中的【要阵列的实体】列表框，然后在图形区选取图 5-37 所示的圆，其他设置如图 5-38 所示，X 轴方向 4 个，间距 40mm；Y 轴方向 3 个，间距 30mm。

3）确定。单击【线性阵列】属性管理器中的【√】按钮，完成阵列复制。

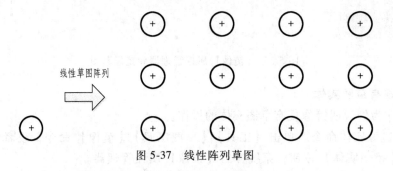

图 5-37　线性阵列草图

【线性阵列】属性管理器各属性设置如图 5-38 所示。

图 5-38　【线性阵列】属性管理器

【线性阵列】属性管理器各属性含义如下：

1）【方向 1】选项组。

①【反向】：可以改变线性阵列的排列方向。

②【间距】：线性阵列 X 轴相邻两个特征参数之间的距离。

③【标注 X 间距】：形成线性阵列后，在草图上自动标注 X 轴方向特征尺寸。

【标注 Y 间距】：在草图上自动标注 Y 轴方向特征尺寸。

④【实例数】：草图经过线性阵列后形成的总个数。

⑤【角度】：线性阵列的方向与 X 轴之间的夹角。

2）【方向 2】选项组。【方向 2】选项组中各参数与【方向 1】选项组相同，用来设置方向 2（即 Y 轴方向）的各个参数，选中【在轴之间标注角度】复选框，将自动标注方向 1 和方向 2 之间的角度尺寸，取消选中则不标注。

5.3.10　圆周草图阵列

圆周草图阵列就是将草图实体沿一个指定大小的圆弧进行环状阵列，如图 5-39 所示。现说明其操作方法。

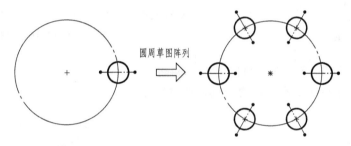

图 5-39　【圆周阵列】草图

1）启动圆周阵列命令。单击【工具】|【草图工具】|【圆周阵列】命令，或者单击【草图】工具栏中的【圆周草图阵列】按钮，弹出图 5-40 所示的【圆周阵列】属性管理器。

2）选择要阵列的草图实体并设置各参数。单击【圆周阵列】属性管理器中的【要阵列的实体】列表框，然后在图形区选取图 5-39 左侧图中的小圆和直线，圆周阵列的旋转中心点选择大圆的圆心，或在【参数】选项组 X，Y 坐标文本框中输入中心点的坐标值，数量文本框中输入"6"，圆弧角度文本框中输入"360 度"，属性设置如图 5-40 所示。

3）确定。单击【圆周阵列】属性管理器中的【√】按钮，完成圆周草图阵列。

【圆周阵列】属性管理器各属性含义如下：

1）【参数】选项组。

①【反向旋转】：草图圆周阵列围绕原点旋转的方向。

②【中心 X】：草图圆周阵列旋转中心的 X 坐标。

③【中心 Y】：草图圆周阵列旋转中心的 Y 坐标。

④【间距】：圆周阵列的角度间距。

⑤【等间距】：圆周阵列中草图之间的夹角是相等的。

⑥【标注半径】：形成圆周阵列后，在草图上自动标注出圆周阵列的半径尺寸。

⑦【标注角间距】：在草图上自动标注出圆周阵列的角间距尺寸。

⑧【实例数】：草图经过圆周阵列后形成的总个数。

⑨【半径】：圆周阵列的旋转半径。

⑩【圆弧角度】：旋转中心与要阵列的草图中心的连线和水平方向之间的夹角。

2）【要阵列的实体】选项组。在图形区域中选择要阵列的实体，所选择的草图实体会出现在【要阵列的实体】显示框中。

3）【可跳过的实例】选项组。在图形区域中选择不想包括在阵列图形中的草图实体，所选择的草图实体会出现在【可跳过的实例】显示框中。

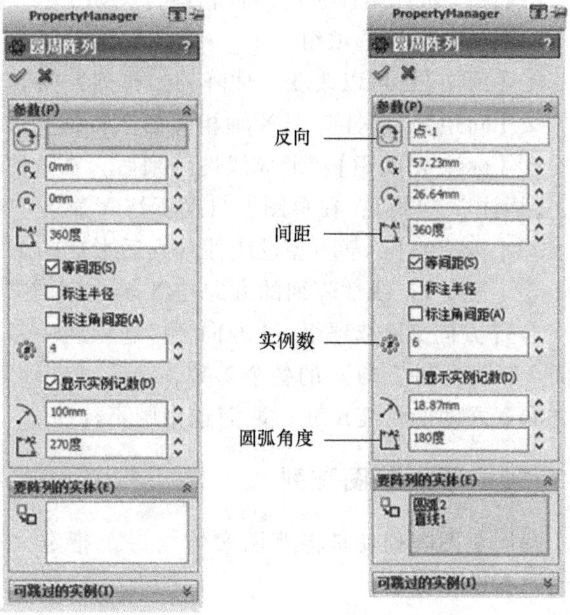

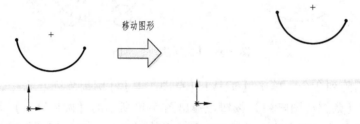

a) 属性设置前   b) 属性设置后

图 5-40 【圆周阵列】属性管理器

5.3.11 移动草图

移动草图命令是将一个或多个草图实体进行移动，如图 5-41 所示。现说明其操作方法。

图 5-41 移动草图

1）选取草图实体。在图形区域选择要移动的圆弧。

2）启动移动命令。单击【工具】|【草图工具】|【移动】命令，或者单击【草图】工具栏中的【移动实体】按钮。系统弹出【移动】属性管理器，如图 5-42 所示。

3）定义移动方式。在【参数】选项组中选中【X/Y】单选按钮，选择增量方式。

4）定义参数。在【ΔX】文本框中输入"30"，在【ΔY】文本框中输入"10"并按〈Enter〉键。可看到图形中的圆弧已移动。

5）确定。单击【移动】属性管理器中的【√】按钮，完成草图的移动。

【移动】属性管理器各属性含义如下：

（1）【要移动的实体】 该框显示要移动的实体。

（2）【保留几何关系】 选中该复选框，草图在移动的过程中将保留现有几何关系，若取消选中该复选框，则所选几何草图实体和未被选择的草图实体之间的几何关系将被断开，而所选草图实体之间的几何关系仍被保留。

（3）【参数】选项组

1）【从/到（F）】。

【起点】：单击【起点】文本框出现提示【从所定义的点】。可从图中选取移动的基准点，然后选取移动的目标点。

2）【X/Y】：选择增量方式。

①【ΔX】：开始点和结束点 X 坐标之间的偏移。

②【ΔY】：开始点和结束点 Y 坐标之间的偏移。

③【重复】：按照相同的距离继续移动草图。

5.3.12　复制草图

复制草图命令是将一个或多个草图实体进行复制，如图 5-43 所示。

复制命令的操作方法如下：

1）选取草图实体。选取要复制的圆弧。

2）启动复制草图命令。单击【工具】|【草图工具】|【复制】命令，或者单击【草图】工具栏中的【复制实体】按钮，弹出【复制】属性管理器。

图 5-42　【移动】属性管理器

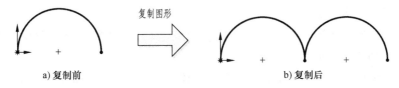

图 5-43　复制草图

3）定义复制方式。选中【从/到】单选按钮。

4）定义基准点。单击【起点】文本框，出现提示【从所定义的点】，选择圆弧的左端点作为基准点。

5）定义目标点。选取圆弧的右端点作为目标点。可看到图形中的圆弧已复制。

6）确定。单击【复制】属性管理器中的【√】按钮，完成草图的复制。

【复制】属性管理器的属性设置与【移动】属性管理器的相同。

5.3.13　旋转草图

旋转草图命令是通过选择旋转中心及要旋转的度数来旋转草图实体，如图 5-44 所示。

旋转草图的操作方法如下：

1）启动旋转命令。单击【工具】|【草图工具】|【旋转】命令，或者单击【草图】工具栏中的【旋转实体】按钮，弹出【旋转】属性管理器，如图 5-45 所示。

2）选取草图实体。单击【要旋转的实体】列表框，在图形区中选取圆弧。

3）定义旋转中心。在【参数】选项组中，单击【旋转中心】下的【基准点】列表框，然后在图形区域选取圆心作为旋转中心。

4）定义旋转角度。在【参数】选项组的【角度】文本框中输入"90.00 度"。

5）确定。单击【旋转】属性管理器中的【√】按钮，完成草图的旋转。

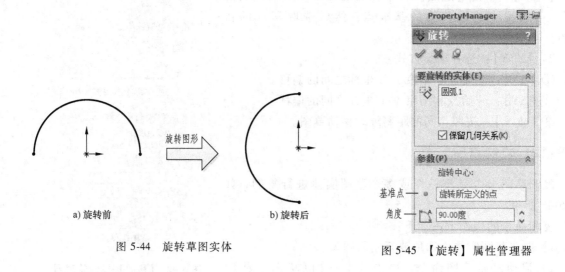

图 5-44　旋转草图实体

图 5-45　【旋转】属性管理器

5.3.14　缩放草图

缩放实体比例命令是通过基准点和比例因子对草图实体进行缩放，如图 5-46a 所示。

缩放草图的操作方法如下：

1）启动缩放草图命令。单击【工具】|【草图工具】|【缩放比例】命令，弹出【比例】属性管理器，如图 5-46b 所示。

2）选取草图实体。单击【要缩放比例的实体】列表框，在图形区选取椭圆。

3）定义比例缩放点。在【参数】选项组中，单击【比例缩放点】下的【基准点】列表框，然后在图形区域选取椭圆圆心作为比例缩放点。

4）定义比例因子。在【参数】选项组的【比例因子】文本框中输入"0.5"。

5）单击【比例】属性管理器中的【√】按钮，完成草图实体的缩放操作。

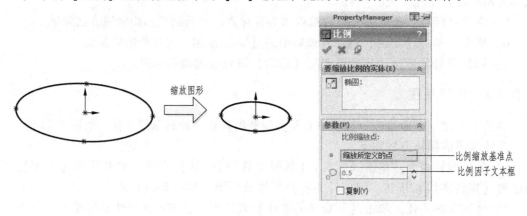

a) 缩放草图

b)【比例】属性管理器

图 5-46　缩放草图实体和【比例】属性管理器

5.3.15　派生草图

可以从属于同一零件的另一草图派生草图，或者从同一装配体中的另一草图派生草图。

从现有草图派生草图时，这两个草图将保持相同的特性，对原始草图所做的更改将反映到派生草图中。更改原始草图时，派生草图也会自动更新。

以图 5-47 为例说明派生草图的操作方法。

1）在前视面上画草图 1，如图 5-47a 所示。

2）按住〈Ctrl〉键，同时选择草图 1 和要添加草图的平面（如右视面），如图 5-47c 所示。

3）单击【插入】|【派生草图】命令，就可生成派生草图。

4）显示等轴测图。单击【视图定向】工具栏中的【等轴测】按钮即可，结果如图 5-47b 所示。

如果要解除派生草图与原始草图之间的链接，则在特征管理器设计树中鼠标右键单击派生草图或者零件的名称，然后在弹出的快捷菜单中单击【解除派生】命令。解除派生后，即使对原始草图进行修改，派生草图也不会再自动更新。

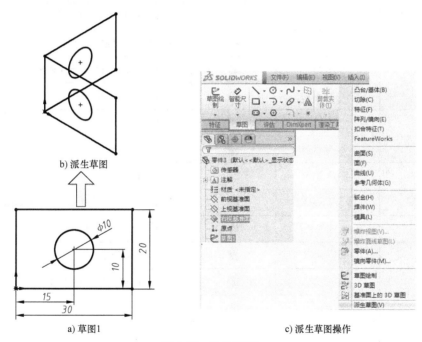

a) 草图1　　　　　　c) 派生草图操作

b) 派生草图

图 5-47　派生草图

5.4　草图的几何约束

几何关系为草图实体之间或草图实体与基准面、基准轴、边线或顶点之间的几何约束。绘制草图时使用几何关系可以更容易地控制草图形状，表达设计意图，充分体现人机交互的便利。

几何约束符号颜色含义如下：

① 约束：显示为绿色。

② 鼠标指针所在的约束：显示为橙色。

③ 选定的约束：显示为青色。

5.4.1　几何约束的显示与隐藏

单击【视图】|【草图几何关系】命令，可控制草图几何约束的显示。当【草图几何关系】前的按钮处于弹起状态时，草图几何约束将不显示；当【草图几何关系】前的按钮处于按下状态时，草图几何约束将显示。

5.4.2　几何约束种类

SolidWorks 常用的几何约束种类、显示符号见表 5-1。

表 5-1　常用的几何约束种类、显示符号

约束名称	按钮	约束显示符号	约　　　束
中点	⟋ 中点(M)		点位于线段的中点
重合	⟋ 重合(D)		点位于直线、圆弧或椭圆上
水平	— 水平(H)		直线变成水平或两点水平对齐
竖直	⏐ 竖直(V)		直线变成竖直或两点竖直对齐
同心	◎ 同心(N)		圆弧共用同一个圆心
相切	⌒ 相切(A)		两个实体相切
平行	⟍ 平行(E)		实体相互平行
垂直	⟂ 垂直(U)		两直线相互垂直
对称	⊠ 对称(S)		使选取的草图实体对称于中心线
相等	= 相等(Q)		直线长度或圆弧半径相等
固定	⚿ 固定(F)		实体位置被固定
全等	◡ 全等(R)		实体共用相同的圆心和半径
共线	⟋ 共线(L)		实体位于同一条无限长的直线上
合并	∨ 合并(G)	—	使选取的两点重合
穿透	⚿ 穿透(P)		草图点与基准轴、边线、直线或曲线在草图基准面上穿透的位置重合。一些特殊场合需要添加特殊的约束，比如说做一些扫描特征时，需要对轮廓草图和路径草图添加穿透约束

注：—表示无符号显示。

5.4.3　添加几何约束

（1）添加几何关系　单击【显示/删除几何关系】下方的黑三角符号，出现如图 5-48 所

示的下拉图标菜单。

添加几何关系命令是为已有的实体添加约束，此命令只能在草图绘制状态中使用。生成草图实体后，单击【草图】工具栏中的【添加几何关系】按钮，或者单击【工具】|【几何关系】|【添加】命令，弹出【添加几何关系】属性管理器，进行几何关系设定。

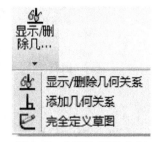

图 5-48 【显示/删除几何关系】下拉图标菜单

生成几何关系时，其中必须至少有 1 个项目是草图实体，其他项目可以是草图实体或者边线、面、顶点、原点、基准面、轴，也可以是其他草图的曲线投影到草图基准面上所形成的直线或者圆弧。

以图 5-49 为例，说明创建几何约束的一般操作过程。

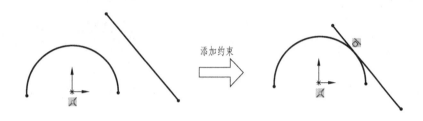

图 5-49 相切约束

方法一：

1）选择草图实体。按住〈Ctrl〉键，在图形区选择圆弧和直线，系统弹出图 5-50 所示的【属性】对话框。

2）定义约束。在【属性】对话框的【添加几何关系】选项组中单击【相切】按钮。

3）单击【√】按钮，完成相切约束的创建。

方法二：

1）启动添加几何约束命令。单击【工具】|【几何关系】|【添加】命令，弹出如图 5-51 所示的【添加几何关系】对话框。

2）选择草图实体。在图形区选择圆弧和直线。

3）定义约束。在【添加几何关系】对话框的【添加几何关系】选项组中单击【相切】按钮。

4）单击【√】按钮，完成相切约束的创建。

（2）自动添加几何关系　自动添加几何关系是指在绘图过程中，系统会根据几何元素的相对位置，将绘图时光标提示的几何关系自动添加给所绘图线。例如，在绘制一条水平直线时，系统就会将【水平】的几何关系自动添加给该直线。

自动添加几何关系的方法是：单击【工具】|【选项】命令，出现【系统选项】对话框，选择【几何关系/捕捉】选项，并选中【自动添加几何关系】复选框，如图 5-52 所示。

图 5-50 【属性】对话框

图 5-51 【添加几何关系】对话框

图 5-52 自动添加几何关系

5.4.4 删除约束

单击【显示/删除几何关系】按钮，或者单击【工具】|【几何关系】|【显示/删除】命令，可以显示已经应用到草图实体中的几何关系，或者删除不再需要的几何关系。还可以通

过替换列出的参考引用修正错误的草图实体。

以图 5-53 为例，说明删除几何约束的一般操作过程。

图 5-53　删除约束

1）启动删除约束命令。单击【工具】|【几何关系】|【显示/删除】命令，弹出如图 5-54 所示的【显示/删除几何关系】对话框。

2）定义需删除的约束。在【显示/删除几何关系】对话框中的【几何关系】选项组的列表框中选中【相切 1】选项。

3）删除所选的约束。在【显示/删除几何关系】对话框中单击【删除】按钮。

4）单击【√】按钮，完成约束的删除操作。

图 5-54　【显示/删除几何关系】对话框

5.5　草图的标注与修改

草图标注就是确定草图中的几何图形的尺寸。一般情况下，在绘制草图之后，需对图形进行尺寸定位，使之满足预定的要求。

5.5.1　线性尺寸的标注

1）启动命令。单击【草图】工具栏中的【智能尺寸】按钮或者单击【工具】|【标注尺寸】|【智能尺寸】命令，也可以在图形区域中右击，然后在弹出的菜单中单击【智能尺寸】命令。默认尺寸类型为平行尺寸。

2）定位智能尺寸项目。移动鼠标指针时，智能尺寸会自动捕捉到最近的方位。

3）单击鼠标左键确定尺寸数值所要放置的位置。

智能尺寸项目有下列几种。

① 直线或者边线的长度：选择要标注的直线，拖动到标注的位置。

② 直线之间的距离：选择两条平行直线，或者一条直线与一条平行的模型边线。

③ 点到直线的垂直距离：选择一个点以及一条直线或者模型上的一条边线。

④ 点到点距离：选择两个点。

1. 标注线段长度

1）启动命令。单击【工具】|【标注尺寸】|【智能尺寸】命令，或者单击【草图】工具栏中的【智能尺寸】按钮。

2）在系统【选择一个或两个边线/顶点后再选择尺寸文字标注的位置。】的提示下，单击位置 1 以选择直线（见图 5-55），系统弹出【线条属性】对话框。

3）确定尺寸的位置。单击位置 2，系统弹出【尺寸】对话框和图 5-56 所示的【修改】对话框。

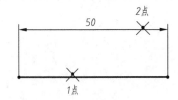

图 5-55　线段长度尺寸的标注

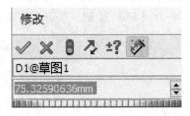

图 5-56　【修改】对话框

4）在【修改】对话框的文本框中，输入尺寸数值"50mm"，单击【√】按钮；单击【尺寸】对话框中的【√】按钮，完成线段长度的标注。

说明：在学习尺寸标注前，建议用户单击【工具】|【选项】命令，在系统弹出的【系统选项-普通】对话框（见图 5-57）中，选择【普通】选项，取消选中【输入尺寸值】复选框，则标注尺寸时，系统不会弹出【修改】对话框。

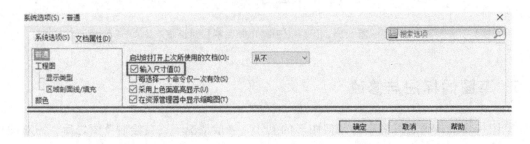

图 5-57　【系统选项-普通】对话框

2. 标注一点和一条直线之间的距离

1）单击【工具】|【标注尺寸】|【智能尺寸】命令。

2）单击位置 1 选择点，单击位置 2 选择直线，单击位置 3 放置尺寸，如图 5-58 所示。

3. 标注两点间的距离

1）单击【工具】|【标注尺寸】|【智能尺寸】命令。

2）单击位置 1 选择点，单击位置 2 选择点，单击位置 3 放置尺寸，如图 5-59 所示。

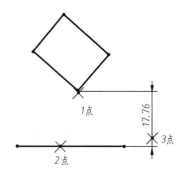

图 5-58　点、线间距离的标注

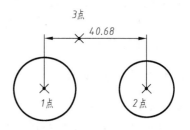

图 5-59　两点间距离的标注

4. 标注两平行线间的距离

1）单击【工具】|【标注尺寸】|【智能尺寸】命令。

2）单击位置 1 选择直线，单击位置 2 选择另一直线，单击位置 3 放置尺寸，如图 5-60 所示。

5.5.2　直径和半径尺寸的标注

以一定角度放置圆形尺寸，尺寸数值显示为直径尺寸。

1）单击【草图】工具栏中的【智能尺寸】按钮。

2）选择圆形。

3）拖动鼠标指针显示圆形直径的预览。

4）单击鼠标左键确定所需尺寸数值的位置，生成图 5-61 所示的圆形尺寸。

单击【智能尺寸】命令并拖动鼠标，旋转尺寸数值可以重新调整角度。

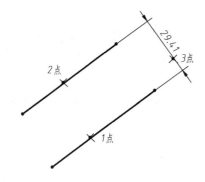

图 5-60　平行线距离的标注

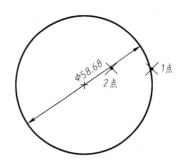

图 5-61　直径的标注

5.5.3　角度尺寸的标注

要生成两条直线之间的角度尺寸，可以先选择两条草图直线，然后为尺寸选择合适的位置。可在其周围拖动鼠标指针，显示智能尺寸的预览。由于鼠标指针位置的改变，要标注的角度尺寸数值也会随之改变。

1）单击【草图】工具栏中的【智能尺寸】按钮。

2）单击其中一条直线。

3）单击另一条直线或者模型边线。

4）拖动鼠标指针显示角度尺寸的预览。

5）单击鼠标左键确定所需尺寸数值的位置，生成图 5-62 所示的角度尺寸。

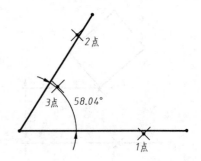

图 5-62　两直线角度的标注

5.5.4　尺寸标注的修改

1. 修改尺寸值

1）选择尺寸。在要修改的尺寸文本上双击，弹出【尺寸】对话框和图 5-63 所示的【修改】对话框。

2）定义参数。在【修改】对话框的文本框中输入 "50mm"，单击【修改】对话框中的【√】按钮，然后单击【尺寸】对话框中的【√】按钮，完成尺寸的修改操作，如图5-64所示。

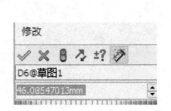

图 5-63　【修改】对话框

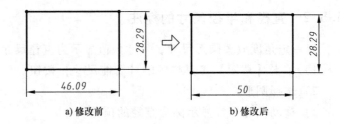

图 5-64　修改尺寸值

2. 删除尺寸

单击需要删除的尺寸（按住〈Ctrl〉键可多选），单击【编辑】|【删除】命令（或按〈Delete〉键，或右击，在弹出的快捷菜单中单击【删除】命令），选取的尺寸即被删除。

3. 移动尺寸

如果要移动尺寸文本的位置，可先单击要移动的尺寸文本，然后按下鼠标左键并移动鼠标，将尺寸文本拖到所需位置。

4. 修改尺寸值的小数位数

1）单击【工具】|【选项】命令。

2）在弹出的【系统选项】对话框中单击【文档属性】标签，在【文档属性】选项卡中单击【尺寸】选项，此时对话框变为【文档属性-尺寸】对话框，如图 5-65 所示。

3）在【主要精度】选项组的下拉列表框中选择小数位数。

4）单击【确定】按钮，完成尺寸值的小数位数的修改。

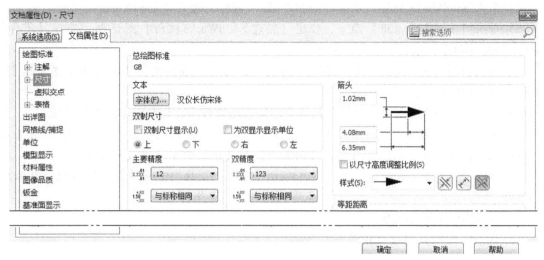

图 5-65　【文档属性-尺寸】对话框

5.6　综合实例——二维草图绘制

实例主要介绍二维草图的绘制、编辑、约束及尺寸标注。

5.6.1　实例 1

本实例可练习中心线、圆、圆角的绘制，剪裁命令，练习添加几何约束和自动几何约束，并进行尺寸标注。实例图形如图 5-66 所示。

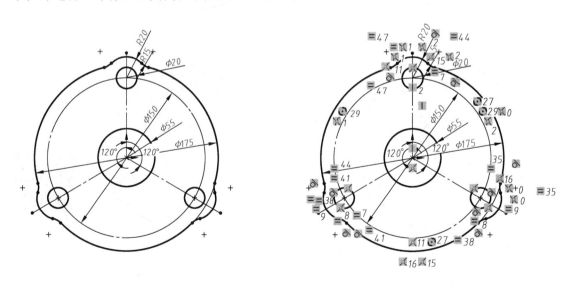

图 5-66　草图实例 1

1. SolidWorks 进入草图绘制状态

1）在 E 盘创建用户文件夹，名称为 sw-exercise（可自行定义）。

2）启动 SolidWorks 软件。双击"SolidWorks"图标，进入"SolidWorks"界面。

3）单击【文件】|【新建】命令，弹出【新建 SolidWorks 文件】对话框，选择【零件】图标，单击【确定】按钮，生成新文件。

4）进入草图环境。单击【插入】|【草图绘制】命令，选择前视基准面为草图基准面，系统进入草图绘制状态。

5）确认【视图】|【草图几何关系】命令前的按钮被按下，即显示草图几何约束。

6）定义自动几何约束。单击【工具】|【选项】命令，在系统弹出的对话框中单击【几何关系/捕捉】选项，然后选中【自动几何关系】复选框，单击【确定】按钮。

7）单击【文件】|【保存】命令，或者单击【标准】工具栏中的【保存】按钮，在弹出的对话框中输入要保存的文件名，以及保存的路径，保存文件。

2. SolidWorks 绘制草图

SolidWorks 绘制草图过程如图 5-67 所示。

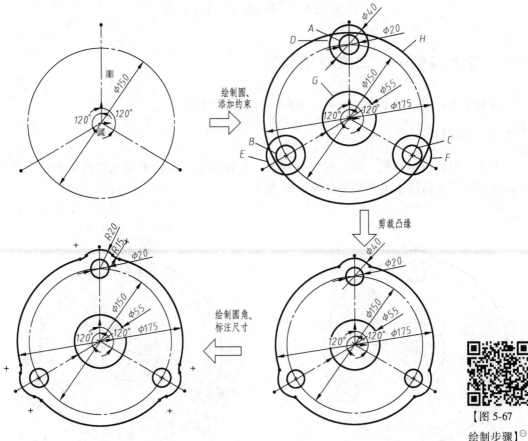

【图 5-67
绘制步骤】⊖

图 5-67　实例 1 草图绘制步骤

1）绘制构造线。单击【草图】工具栏中的【中心线】按钮，绘制 3 条互成 120°的中心线。单击【草图】工具栏中的【圆】按钮，弹出【圆】属性管理器，选中【作为构造线】

⊖　请用浏览器扫描二维码观看视频，后同。

复选框，绘制 φ150mm 的构造线圆。

2）绘制圆 A、B、C、D、E、F、G、H。单击【工具】|【几何关系】|【添加】命令，弹出【添加几何关系】对话框，在【所选实体】选项组中选取 A、B 和 C，单击【相等】按钮，建立"相等"几何关系，单击【确定】按钮；再次单击【添加几何关系】按钮，选取 D、E 和 F，建立"相等"几何关系，单击【确定】按钮。圆 A、B、C 直径为 φ20mm，圆 D、E、F 直径为 φ40mm，圆 G 直径为 φ55mm、圆 H 直径为 φ175mm。

3）剪裁 3 个凸缘。单击【草图】工具栏中的【剪裁实体】按钮，弹出【剪裁】属性管理器，单击【剪裁到最近端】按钮，移动鼠标指针剪裁圆弧实体，单击【剪裁】属性管理器中的【√】按钮，以结束剪裁。

4）单击【绘制圆角】按钮，出现【绘制圆角】属性管理器，在【半径】文本框内输入"15mm"，选取大圆弧、小圆弧创建圆角。

5）确定关闭自动求解。确认【工具】|【草图设定】|【自动求解】命令的【自动求解】选项没有被勾选。以便标注尺寸时，图形不随之变化。

6）标注尺寸。标注角度尺寸 120°。单击【草图】工具栏中的【智能尺寸】按钮，单击中心线 1，单击中心线 2，将指针移到图形的合适位置单击，来添加尺寸，在【修改】对话框的文本框中输入"120°"，然后单击【修改】对话框中的【√】按钮。

标注直径尺寸 150mm。单击【草图】工具栏中的【智能尺寸】按钮，选择要标注直径尺寸的圆弧 1，将指针移到图形的右侧单击，来添加尺寸，在【修改】对话框的文本框中输入"150mm"，然后单击【修改】对话框中的【√】按钮。

同样的方法标注其他直径尺寸 20mm、55mm、175mm。

标注圆弧半径 R20mm。单击【草图】工具栏中的【智能尺寸】按钮，选择要标注半径尺寸的圆弧 3，将指针移到图形的右侧单击，来添加尺寸，在【修改】对话框的文本框中输入"20mm"，然后单击【修改】对话框中的【√】按钮。

7）确定打开自动求解。确认【工具】|【草图设定】|【自动求解】命令的【自动求解】选项被选中。图形根据尺寸自动求解，结果如图 5-66 所示。

5.6.2　实例 2

实例图形如图 5-68 所示。本实例可使用绘图命令绘制中心线、圆、圆弧、直线、直槽口，使用圆角命令绘制圆角，练习添加几何约束，并进行尺寸标注。

SolidWorks 绘制草图可以先全部画好图形，然后再进行尺寸标注，但是如果尺寸相差太悬殊，在修改尺寸时会很不方便。因此在实际设计时，一般在定位基准线画好后，就先标注好相关的尺寸。此实例采用边画图边标注尺寸的方式。

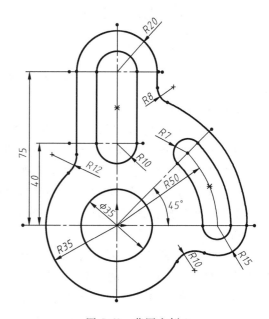

图 5-68　草图实例 2

SolidWorks 绘制草图过程如图 5-69 所示。

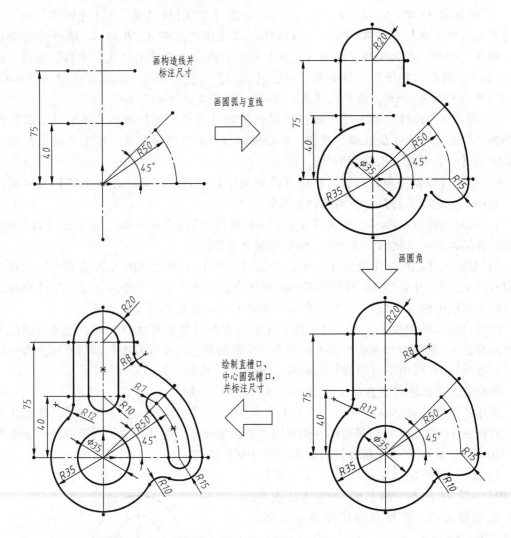

图 5-69　实例 2 草图绘制步骤

参考步骤如下：

1）绘制构造线并标注尺寸。单击【草图】工具栏中的【中心线】按钮，绘制 3 条水平线、1 条竖直线、1 条倾斜中心线；单击【草图】工具栏中的【圆心/起/终点画弧】按钮绘制圆弧，在弹出的【圆弧】属性管理器中，选中【作为构造线】复选框，绘制圆弧构造线。单击【草图】工具栏中的【智能尺寸】按钮，标注竖直尺寸 40mm、75mm，角度尺寸 45°，圆弧半径 R50mm。

【图 5-69
绘制过程】

2）绘制圆、圆弧、直线。单击【草图】工具栏中的【圆】按钮，绘制 φ35mm 的圆。单击【草图】工具栏中的【圆心/起/终点画弧】按钮绘制 R20mm、R35mm、R15mm、R65mm 圆弧。单击【草图】工具栏中的【直线】按钮，绘制 2 条竖直线。

3）绘制 R12mm、R8mm、R10mm 圆角。单击【草图】工具栏中的【绘制圆角】按钮，弹出【绘制圆角】属性管理器，在【半径】文本框内输入"12mm"，选取左侧竖直直线和 R35mm 圆弧创建圆角，用同样的方法绘制 R8mm、R10mm 圆角。如果在绘制 R10mm 圆角时用上述方法不能绘制出来，可用圆弧命令绘制一段圆弧，再添加相切约束来实现。

4）绘制直槽口和中心圆弧槽口。单击【草图】工具栏中的【直槽口】按钮，在高度为 75mm 的水平中心线与竖直中心线的交点处单击鼠标左键确定直槽口的起点，在高度为 40mm 的水平中心线与竖直中心线的交点处单击鼠标左键确定直槽口的终点，拖动鼠标，在合适的位置单击鼠标左键绘制出竖直的槽口。单击【草图】工具栏中的【中心圆弧槽口】按钮，在原点处单击鼠标左键确定圆弧的圆心，在 R15mm 圆弧的圆心处单击鼠标左键确定圆弧的起点，在 45°斜中心线与 R50mm 构造线圆弧的交点处单击鼠标左键确定圆弧的终点，拖动鼠标，在合适的位置单击鼠标左键绘制出右侧的中心圆弧槽口。

5）调整约束，标注其他尺寸。完成图形的绘制。

说明：在绘制草图时，要关注鼠标指针的变化，根据指针形状的变化，来确定绘制的几何实体是否是自己需要的，从而提高绘图效率。比如，要在中心线上绘制圆，在单击【圆】按钮后，当指针处于中心线上时，会显示一个重合约束的符号，表示绘制的圆心处于中心线上，否则还需添加几何关系使圆心位于中心线上。

第6章

零件基础特征

利用 SolidWorks 软件创建零件模型的方法十分灵活，其基本方法为"积木"式的方法，
也是大部分机械零件的实体建模常用的方法。
这种方法首先创建一个反映零件主要形状的基
体特征，然后在这个基体上通过增加或切除材
料的方法添加其他特征，如拉伸、旋转、扫
描、放样等，从而实现各种复杂实体零件的建
模。图 6-1 说明了创建零件三维实体模型的一
般过程。首先利用拉伸凸台特征创建零件基
体，然后在此基础上通过拉伸凸台的方法添加
第一个特征，最后通过拉伸切除方法添加第二
个特征（通孔）。

本章详细介绍了 SolidWorks 参考几何体的

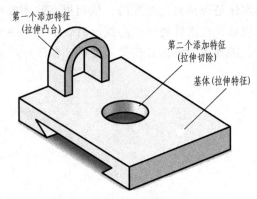

图 6-1   实体三维建模过程

创建以及基础特征的操作方法，最后给出了两个利用基础特征设计零件的综合范例。

6.1   参考几何体

SolidWorks 中的参考几何体包括基准面、基准轴、点和坐标系等基本要素，这些几何元
素可作为其他几何体构建时的参照物，在创建零件的一般特征、曲面、零件的剖切面以及装
配中起着非常重要的作用。

6.1.1   参考基准面

基准面主要用于零件图和装配图中，利用基准面可以绘制草图，生成模型的剖面视图，
作为拔模特征中的中性面等。

SolidWorks 提供了前视基准面、上视基准面和右视基准面 3 个默认的相互垂直的基准
面。通常情况下，用户在这 3 个基准面上绘制草图，然后使用特征命令创建实体模型。但
是，对于需要在不同的基准面上绘制草图的特殊特征，如扫描和放样特征，则需创建新的基
准面。

1. 基准面属性设置

单击【几何参考体】工具栏中的【基准面】按钮，或者单击【插入】｜【几何参考体】｜【基准面】命令，系统弹出【基准面】属性管理器。

如图 6-2 所示，当【第一参考】选项组中的【面<1>】选择三维模型中面 1 所指的位置，【第二参考】选项组中的【面<2>】选择三维模型中面 2 所指的位置，则创建如图 6-2 所示的参考几何面。此时，所创建的参考几何面与面 1 垂直，与面 2 相切。

【基准面】属性管理器各选项的含义如图 6-2 所示。选中【反转】复选框，在相反方向生成基准面。

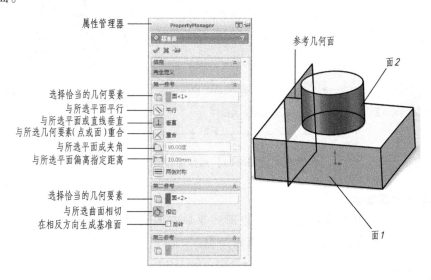

图 6-2 【基准面】属性管理器设置

2. 修改参考基准面设置

方法 1：单击所创建的基准面，显示等距距离或角度数值，然后双击所要修改的尺寸，在弹出的【尺寸】对话框中修改为所需数值。

方法 2：在特征管理器设计树中单击已创建的基准面图标，在弹出的图标中单击【编辑特征】命令，在弹出的【基准面】属性管理器中输入所需修改的数值。

6.1.2 参考基准轴

【基准轴】按钮的功能是在零件设计中创建轴线。基准轴可以用于特征创建时的参照，并且对创建基准面、同轴放置项目和圆周阵列特征时有很大的作用。

临时轴是由模型中的圆锥或圆柱隐含生成的，可以单击【视图】｜【临时轴】命令来隐藏或显示所有的临时轴。

1. 基准轴属性设置

单击【几何参考体】工具栏中的【基准轴】按钮，或者单击【插入】｜【几何参考体】｜【基准轴】命令，系统弹出【基准轴】属性管理器。【基准轴】属性管理器各选项的含义如图 6-3 所示。

当选择图 6-3 中三维模型圆柱面所指的位置，即圆孔所在的圆柱面时，则创建过圆孔轴线的基准轴。

图 6-3 【基准轴】属性管理器设置

2. 显示参考基准轴

单击【视图】|【基准轴】命令，可以看到菜单左侧的图标下沉，表示基准轴可见；再次选择该命令，该图标恢复，即关闭基准轴显示。

6.1.3 参考点

参考点可作为其他实体创建的参考元素。单击【视图】|【点】命令可以隐藏或显示所有参考点。

单击【几何参考体】工具栏中的【点】按钮，或者单击【插入】|【几何参考体】|【点】命令，系统弹出【点】属性管理器。【点】属性管理器各选项的含义如图 6-4 所示。

当选择图 6-4 中圆孔的边线时，则创建与所选圆弧圆心重合的参考点 1，如图 6-4 所示。

6.1.4 坐标系

坐标系主要用于定义零件或装配件的坐标系，作为其他实体创建时的参考元素。

单击【几何参考体】工具栏中的【坐标系】按钮，或者单击【插入】|【几何参考体】|【坐标系】命令，系统弹出【坐标系】属性管理器。【坐标系】属性管理器各选项的含义如图 6-5 所示。

当选择如图 6-5 所示的顶点作为原点并依次选择 2 条棱线作为 X、Y 轴，创建的坐标系如图 6-5 所示。

坐标系的 Z 轴所在边线和方向均由 X、Y 轴决定，可以通过单击【反转】按钮，实现X、Y 轴方向的改变。

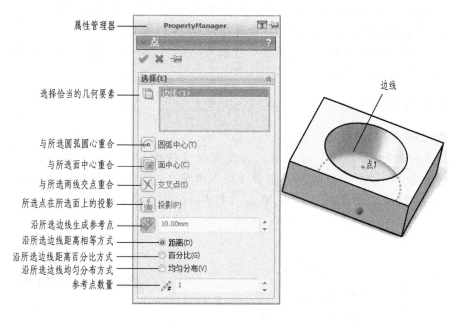

图 6-4　【点】属性管理器设置

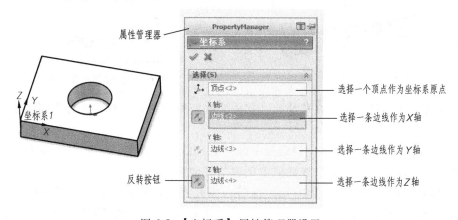

图 6-5　【坐标系】属性管理器设置

6.2　拉伸特征

6.2.1　拉伸特征简述

拉伸特征是指将草绘截面按指定的拉伸方向延伸一段距离后所形成的特征。拉伸是 SolidWorks 实体造型最常见的类型，具有相同截面、一定长度的实体都可以由拉伸特征来生成。

拉伸特征包括拉伸凸台和拉伸切除特征，如图 6-6 中，长方体可通过拉伸凸台形成，而圆孔则可通过拉伸切除形成。

选取拉伸凸台特征命令方式有如下两种：

方式1：从下拉菜单中选取。单击【插入】|【凸台/基体】|【拉伸】命令。

方式2：单击【特征】工具栏中的【拉伸凸台/基体】按钮。

若为拉伸切除，则可直接单击【特征】工具栏中的【拉伸切除】按钮；或者单击【插入】|【切除】|【拉伸】命令。

6.2.2 拉伸特征的创建

1. 定义拉伸特征的横截面草图

在输入【拉伸凸台/基体】命令后，首先弹出【拉伸】属性管理器，需要定义拉伸特征的横截面草图，如图6-7所示。选择1）表示选择一个基准面进行草图绘制；选择2）表示选择已经绘制的草图，即在输入【拉伸凸台/基体】命令前先进行了草图的绘制。

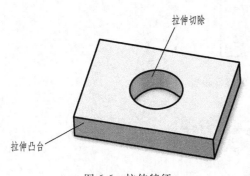

图6-6　拉伸特征

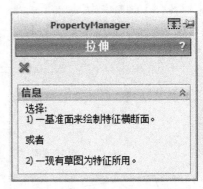

图6-7　拉伸特征草绘平面定义

不管选取上述哪种方法，在草绘前，首先要确定草绘平面，然后进行草图绘制。具体步骤如下：

1）定义草图绘制平面。草图的绘制平面可以是前视基准面、上视基准面或右视基准面中的一个，也可以是模型的某个表面或者创建的其他基准面。

2）绘制横截面草图。在绘制草绘截面时，横截面必须闭合，同时横截面的任何部位都不能探出多余的线头；横截面可以包含一个或多个封闭环，生成特征后，外环以实体填充，内环则为孔。环与环之间不能有直线相连。图6-8所示为几种错误的横截面。

若为拉伸曲面，则草图可以为开放的，但不能有多于一个的开放环。

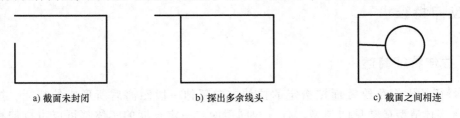

a) 截面未封闭　　　　　　　　　b) 探出多余线头　　　　　　　　c) 截面之间相连

图6-8　几种错误的横截面

2. 定义拉伸类型和拉伸深度属性

利用【凸台-拉伸】属性管理器可以创建实体和薄壁两种类型的特征，默认设置为创建实体类型；若选中【薄壁特征】复选框，则创建的特征为薄壁类型。

如图 6-9 所示，单击【给定深度】旁边的黑三角，则出现深度属性菜单，分别说明如下：

1)【给定深度】：从草图的绘制平面拉伸到指定的距离，在对话框相应位置输入距离值。

2)【成形到一顶点】：特征在拉伸方向延伸至某一指定顶点。

3)【成形到一面】：特征在拉伸方向延伸至某一指定面。

4)【到离指定面指定的距离】：选择一个面，并输入距离值，特征将从草绘平面开始延伸到离指定面指定距离处终止。

5)【成形到实体】：特征拉伸到与指定的实体相交。

6)【两侧对称】：以草绘平面为对称面两侧对称拉伸，输入的深度值为拉伸的总深度。

在如图 6-9 所示的三维实体中，以指定矩形线框为草图基准面进行两侧拉伸，往上为方向 1，设置了拔模角度为 8°，往下为方向 2，未设置拔模角度，拉伸深度均为 10mm。

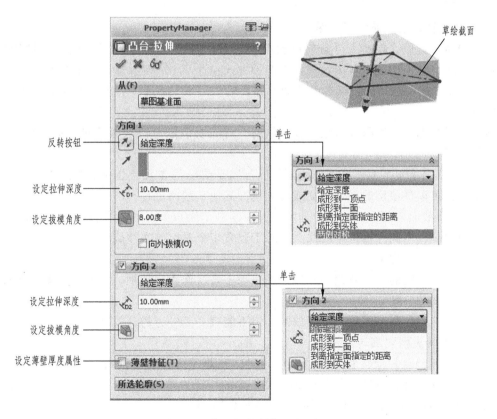

图 6-9 　【凸台-拉伸】属性设置

拉伸切除特征的创建方法与拉伸凸台基本一致，只不过凸台是增加实体，而切除是减去实体。

对于拉伸切除，在定义拉伸深度时，比拉伸凸台多了【完全贯穿】一项，表示切除特征时完全贯穿实体。

6.3 旋转特征

6.3.1 旋转特征简述

旋转特征是指将草绘截面绕轴线旋转而成的一类特征，它适合构造回转体零件。与拉伸特征类似，旋转特征亦包括旋转凸台和旋转切除特征。

选取旋转凸台特征命令方式有如下两种：

方式1：从下拉菜单中选取。单击【插入】|【凸台/基体】|【旋转】命令。

方式2：单击【特征】工具栏中的【旋转凸台/基体】按钮。

若为旋转切除，则可直接单击【特征】工具栏中的【旋转切除】按钮，或者单击【插入】|【切除】|【旋转】命令。

6.3.2 旋转特征的创建

1. 定义旋转特征的横截面草图

与拉伸命令类似，在输入【旋转凸台/基体】命令后，首先弹出【旋转】属性管理器，需要定义旋转特征的横截面草图，同样有两种方式：选择1）表示选择一个基准面进行草图绘制；选择2）表示选择已经绘制的草图，即在输入【旋转凸台/基体】命令前先进行了草图的绘制。

同样，不管选取上述哪种方法，在草绘前，首先要确定草绘平面，然后进行草图绘制。具体步骤如下：

1）定义草图绘制平面。草图的绘制平面可以是前视基准面、上视基准面或右视基准面中的一个，也可以是模型的某个表面或者创建的其他基准面。

2）绘制横截面草图。类似于拉伸特征，在绘制草绘截面时，横截面必须闭合，同时横截面的任何部位都不能探出多余的线头；对于包含多个轮廓的实体旋转特征，其中一个轮廓必须包含所有其他轮廓。

与拉伸特征不同的是：草绘图必须绘制一条中心线作为旋转轴，且形成实体的草图截面绘制在旋转轴线的一侧。

若为旋转曲面，则草图可以为开放的，但不能有多于一个的开放环。

2. 定义旋转类型和旋转属性

利用【旋转凸台】属性管理器可以创建实体和薄壁两种类型的特征，默认设置为创建实体类型；若选中【薄壁特征】复选框，则创建的特征为薄壁类型。

【旋转】属性管理器的其他选项的设置如图6-10所示。

1）【旋转轴A】选项组。选择草绘图中的中心线作为旋转轴线。

2）【方向1】选项组。单击【给定深度】旁边的黑三角，则出现深度属性菜单，分别说明如下：

①【给定深度】：从草图以单一方向生成旋转。

②【成形到一顶点】：特征从草图基准面旋转至某一指定顶点。

③【成形到一面】：特征从草图基准面旋转至某一指定面。

④【到离指定面指定的距离】：选择一个面，并输入距离值，特征将从草绘平面开始旋转到离指定面指定距离处终止。

⑤【两侧对称】：以草绘平面为对称面，两侧以顺时针和逆时针对称生成。

单击【旋转方向】按钮，更改旋转方向。

在如图 6-10 所示的三维实体中，以指定草绘截面绕中心线进行特征旋转，默认旋转角度为 360°，则生成如图 6-10 所示的回转体。

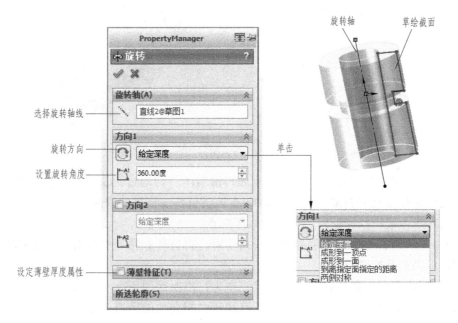

图 6-10　【旋转】特征属性设置

旋转切除特征的创建方法与旋转凸台基本一致，只不过凸台是增加实体，而切除是减去实体，也就是去除材料。

6.4　扫描特征

6.4.1　扫描特征简述

扫描是指将轮廓（草绘截面）沿开环或闭合路径生成基体、凸台或者曲面的方法。

不同于拉伸或者旋转特征的操作，扫描特征必须先绘制好扫描的二维轮廓以及扫描路径，再进行扫描操作。扫描特征使用时还应注意以下问题：

1）基体或凸台扫描特征的轮廓必须是闭合的，扫描曲面特征轮廓可以是闭合的，也可以是开环的。

2）扫描路径可以是开环或者闭环。

3）路径的起点必须位于轮廓的基准面上。

选取旋转凸台特征命令方式有如下两种：

方式 1：从下拉菜单中选取。单击【插入】|【凸台/基体】|【扫描】命令。

方式 2：单击【特征】工具栏中的【扫描凸台/基体】按钮。

若为扫描切除，则可直接单击【特征】工具栏中的【扫描切除】按钮，或者单击【插入】|【切除】|【扫描】命令。

图 6-11 即为扫描凸台特征，扫描路径和扫描轮廓如图 6-11 所示。

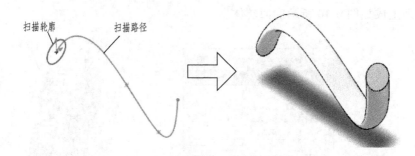

图 6-11　凸台扫描特征

SolidWorks 还可以通过定义引导线来生成扫描实体。即通过定义引导线生成随着路径变化，截面随引导线变化的扫描特征。图 6-12 显示了引导线扫描的效果。

利用引导线生成扫描特征时，应注意以下几点：

1）应事先绘制扫描路径、引导线、扫描轮廓，再进行扫描特征操作。扫描路径和引导线应绘制在不同的草绘图上。

2）引导线必须和扫描轮廓相交于一点，作为扫描曲面的顶点。

3）最好在轮廓草图上添加引导线上的点和轮廓相交处的穿透关系。

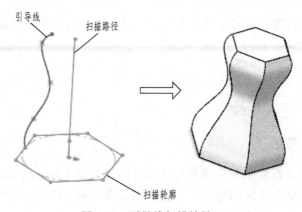

图 6-12　引导线扫描效果

6.4.2　扫描特征的创建

1. 绘制扫描特征的扫描路径和扫描轮廓

在操作扫描特征命令前，先要完成扫描路径和扫描轮廓的草绘，即在不同的草绘平面上绘制扫描路径和扫描轮廓，然后再进行特征扫描。扫描路径和扫描轮廓绘制的先后顺序不限，即如果先在某个草绘平面上绘制了扫描路径，必须退出该草绘，再在另一个草绘平面上绘制扫描轮廓，绘制完成后退出草绘，得到两个草绘图，此时模型树上显示有两个草图。

2. 定义扫描特征的属性

利用【扫描凸台】属性管理器可以创建实体和薄壁两种类型的特征，默认设置为创建实体类型；若选中【薄壁特征】复选框，则创建的特征为薄壁类型。

【扫描】属性管理器其他选项的设置如图 6-13 所示。

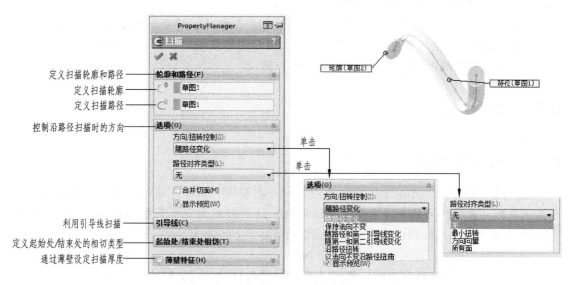

图 6-13　【扫描】特征属性设置

（1）【轮廓和路径】选项组

1）选择扫描轮廓。选择用来生成扫描特征的草图轮廓。

2）选择扫描路径。选择轮廓扫描的路径。

（2）【选项】选项组

1）【方向/扭转控制】：控制轮廓在沿路径扫描时的方向，单击【随路径变化】旁边的黑三角，出现如图 6-13 所示选项，分别说明如下：

①【随路径变化】：轮廓相对于路径时刻保持同一角度。

②【保持法向不变】：轮廓与起始位置保持平行。

③【随路径和第一引导线变化】：中间轮廓的扭转由路径到第一引导线的矢量决定，在所有中间轮廓的草图基准面中，该矢量与水平方向的夹角保持不变。

④【随第一和第二引导线变化】：中间轮廓的扭转由第一引导线到第二引导线的矢量决定。

⑤【沿路径扭转】：沿路径扭转轮廓。可以按照角度、弧度或旋转圈数定义扭转。

⑥【以法向不变沿路径扭转】：在沿路径扭转时，保持与开始轮廓平行，沿路径扭转轮廓。

2）【路径对齐类型】：在上述【方向/扭转控制】下拉列表框中设置为【随路径变化】时可用，当路径上出现少许或不均匀波动，使轮廓不能对齐时，可将轮廓稳定下来，如图 6-13 所示。【路径对齐类型】下拉列表框各选项说明如下：

①【无】：垂直于轮廓而对齐轮廓，不进行纠正。

②【最小扭转】：阻止轮廓在随路径变化时自我相交（只对于 3D 路径）。

③ 方向向量：按照所选择的矢量方向对齐轮廓，选择设定方向矢量的实体。

④【所有面】：当路径包括相邻面时，使扫描轮廓在几何关系可能的情况下与相邻面相切。

3）【合并切面】：如果扫描轮廓具有相切线段，则扫描后生成的曲面相应相切，保持相切的面可以是基准面、圆柱面或圆锥面。

（3）【引导线】选项组　在【引导线】选择框选择【引导线】后，就可以通过调整【引导线】选项组里的参数来控制扫描。具体含义和操作见相关资料，不再赘述。

扫描切除特征的创建方法与扫描凸台基本一致。

6.5　放样特征

6.5.1　放样特征简述

放样是指连接多个轮廓（草绘截面）而形成的基体、凸台，通过在轮廓之间进行过渡来生成特征。放样特征至少需要两个草绘截面，且不同截面应事先绘制在不同的草图平面上。图 6-14 所示的放样特征是由三个截面混合而成的凸台放样特征。

选取凸台放样特征命令的方式有如下两种：

方式 1：从下拉菜单中选取。单击【插入】|【凸台/基体】|【放样】命令。

方式 2：单击【特征】工具栏中的【放样凸台/基体】按钮。

若为放样切除，则可直接单击【特征】工具栏中的【放样切割】按钮；或者单击【插入】|【切除】|【放样】命令。

单击凸台放样特征命令后，依次选取放样轮廓，即事先绘制好的草图 1、草图 2 和草图 3，其他为系统默认选项，即可生成放样特征，如图 6-14 所示。

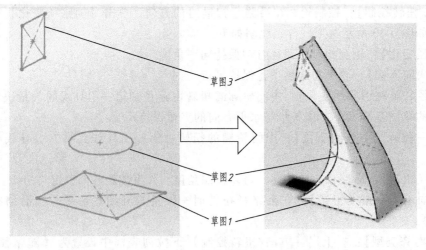

【图 6-14
操作视频】

图 6-14　凸台放样特征

SolidWorks 还可以通过定义引导线来生成引导线放样和中心线放样。

引导线放样是指通过使用一条或多条引导线来连接轮廓，生成引导线放样特征。通过引导线可以控制所生成的中间轮廓。

中心线放样是指将一条变化的引导线作为中心线进行放样，在中心线放样中，所有中间截面都与此中心线垂直。

图 6-15 所示为引导线放样和中心线放样比较。

利用中心线放样时，只有中心线一条引导线。

利用引导线放样生成放样特征时，应注意以下几点：

1）引导线必须与轮廓线相交，可以通过设置重合约束使引导线穿过轮廓线，如图 6-15 所示。

2）引导线数量不受限制。

3）引导线之间可以相交。

4）引导线可以是任何草图曲线、模型边线或曲线。

5）引导线可以比生成的放样特征长，放样将终止于最短的引导线末端。

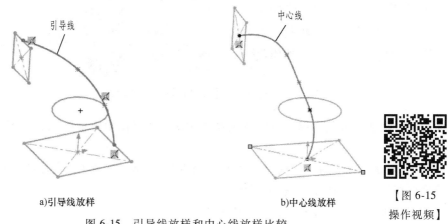

a)引导线放样　　　　　　　　　　b)中心线放样

【图 6-15 操作视频】

图 6-15　引导线放样和中心线放样比较

6.5.2　放样特征的创建

1. 绘制至少两个以上的草绘截面

放样需要连接多个草绘截面上的轮廓，这些轮廓可以平行也可以相交。要确定这些平面还需要设置基准面。基准面的创建参照本章 6.1.1 的内容。

2. 定义放样特征的属性

利用【放样凸台】属性管理器可以创建实体和薄壁两种类型的特征，默认设置为创建实体类型；若选中【薄壁特征】复选框，则创建的特征为薄壁类型。

【放样】属性管理器其他选项的设置如图 6-16 所示。

（1）【轮廓】选项组

1）用来生成要放样的轮廓，依次选择要放样的草图轮廓，如图 6-16 中的【草图 1】、【草图 2】和【草图 3】。

2）选择一个草图，单击上、下箭头调整草图的顺序。由于放样凸台特征实际上是利用

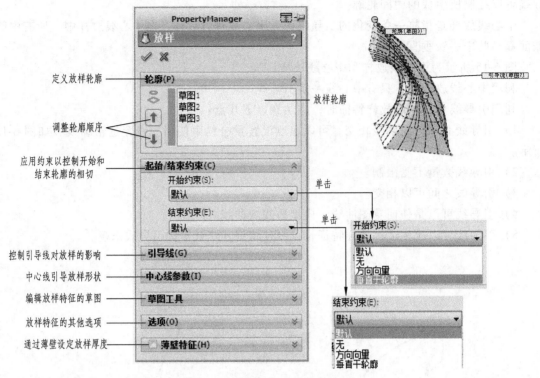

图 6-16 【放样】特征属性设置

界面轮廓以渐变的方式生成，所以在选择的时候要注意截面轮廓的先后顺序，否则无法正确生成实体。

（2）【起始/结束约束】选项组 【开始约束】、【结束约束】：应用约束以控制开始和结束轮廓的相切，具体选项如图 6-16 所示。

1）【无】：不应用相切约束（即曲率为零）。

2）【方向向量】：根据所选的方向向量应用相切约束。

3）【垂直于轮廓】：应用在垂直于开始或者结束轮廓处的相切约束。

（3）【引导线】选项组 在【引导线】选择框选择【引导线】后，就可以通过调整【引导线】选项组里的参数来控制放样。

（4）【中心线参数】选项组 在【中心线】选择框选择了【中心线】后，就可以通过调整【中心线参数】选项组里的参数来控制放样。

（5）【选项】选项组

1）【合并切面】：如果对应的线段相切，则保持放样中的切面相切。

2）【闭合放样】：沿放样方向生成闭合实体，选中此复选按钮则将最后一个和第一个轮廓用实体连接，形成闭合实体。

3）【显示预览】：选中则显示预览，取消只能查看轮廓、路径和引导线。

【引导线】、【中心线参数】和【草图工具】选项组的参数具体含义及操作请参见相关资料，不再赘述。

放样切割特征的创建方法与放样凸台基本一致。

6.6　抽壳特征

6.6.1　抽壳特征简述

抽壳特征可以掏空零件，当在零件的某个面上进行抽壳时，系统会掏空零件的内部，使所选择的面敞开，在剩余的面上生成薄壁特征。如果没有选择模型上的任何面，而对实体零件进行抽壳操作，则会生成一个闭合、掏空的模型。

抽壳特征必须在事先构建好的实体模型上进行操作。

通常，抽壳的各个表面的厚度相等，也可以对某些面的厚度单独指定进行抽壳操作，抽壳后各个零件的表面厚度就不相等了。

选取抽壳特征命令的方式有如下两种：

方式 1：从下拉菜单中选取。单击【插入】|【特征】|【抽壳】命令。

方式 2：单击【特征】工具栏中的【抽壳】按钮。

6.6.2　抽壳特征的创建

打开构建好的实体模型，如图 6-17 中的正五棱柱，选取抽壳特征命令，打开【抽壳】属性管理器，在此基础上进行抽壳操作。

1．等壁厚抽壳

选择需要抽壳的面（如图 6-17 所示五棱柱的上顶面），在【抽壳】属性管理器中设定抽壳厚度，完成等壁厚抽壳的创建，如图 6-17 所示。

2．多壁厚抽壳

上述步骤不变，然后单击【抽壳】属性管理器中的【多厚度面】文本框，选择模型上的五棱柱前侧面，设定与前面抽壳厚度不同的厚度值，生成多厚度抽壳特征的创建，如图 6-18 所示。

【抽壳】属性管理器中其他选项的设置如图 6-17、图 6-18 所示。

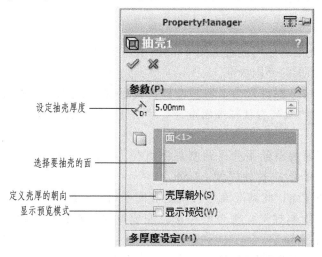
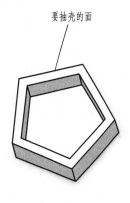

图 6-17　等厚度抽壳及属性设置

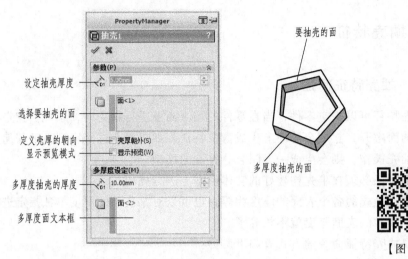

【图 6-18
操作视频】

图 6-18　多厚度抽壳及属性设置

（1）【参数】选项组

①【厚度】：用来设置薄壁的厚度。

②【移除的面】：选择一个要抽壳的面，由此面向内进行抽壳操作。

③【壳厚朝外】：增加模型的外部尺寸。

④【显示预览】：抽壳时显示预览。

（2）【多厚度设定】选项组　【多厚度面】：在模型中选择一个面，并为所选的面设置多厚度值。

6.7　综合实例

本节主要通过两个综合实例，要求掌握基本特征操作命令，理解各种命令的设计方法并熟练运用，进行零件的建模。

6.7.1　实例 1——支架

支架的零件图如图 6-19 所示。支架的建模过程如图 6-20 所示。支架主要特征的草绘图如图 6-21 所示。当前草绘图为包围阴影的外围线框。

1）创建底座基体。将底座的草绘平面设置为上视基准面，底座的草图如图 6-21 所示，使草图对称线与前视基准面重合，右边线与右视基准面重合。草绘完成后拉伸出底座，拉伸深度：4mm。

2）创建底部凸台。以底座下底面为草绘平面，绘制三个直径为 $\phi16mm$ 的圆，并与圆孔同心，草绘完成后拉伸出三个圆柱凸台，拉伸深度：1mm。

3）创建梯形立板。先创建一基准面，此基准面与右视基准面平行，并距右视基准面左侧 17mm。以此基准面为草绘平面，绘制梯形立板草绘轮廓，完成草绘后拉伸出梯形立板。终止条件："两侧对称"，拉伸深度：4mm。

4）创建上部斜立板。以前视基准面为草绘平面，绘制出上部斜板的草图。完成草绘后

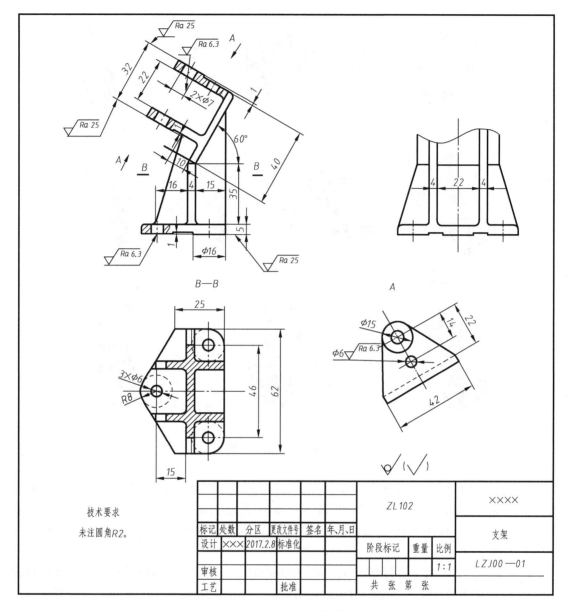

图 6-19 支架的零件图

两侧对称拉伸，拉伸深度：42mm。

5）以斜板上部侧面为草绘平面，绘制出上部的草图，完成后拉伸出上部，拉伸深度：30mm。

6）创建方槽。以前视基准面为草绘平面，绘制草图并拉伸切除出方槽，终止条件："完全贯穿"。

7）创建圆柱凸台。拉伸出斜横板上下表面的圆柱凸台，圆柱直径为 φ15mm。拉伸深度：1mm。

8）创建斜横板上部圆孔。以顶部斜面为草绘平面，绘制 φ6mm 圆孔，圆孔的定位尺寸草绘图即完成草绘后拉伸切除，终止条件："成形到下一面"。

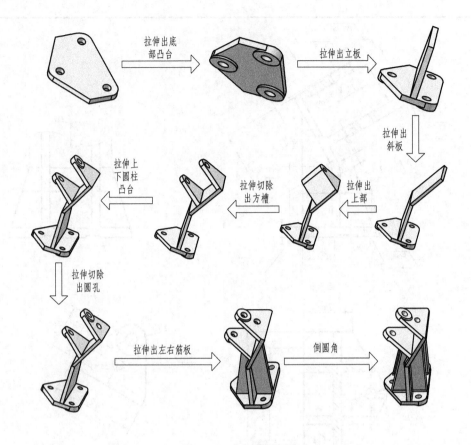

图 6-20　支架建模过程

9）创建前面筋板。先创建一基准面，此基准面与前视基准面平行，并距前视基准面前面 13mm。以此基准面为草绘平面，绘制左右筋板的草绘，完成草绘后拉伸出筋板。终止条件："两侧对称"，拉伸深度：4mm。筋板特征也可以按照第 7 章工程特征的方法创建。

10）创建后面筋板。重复步骤 9，创建基准面时，将基准面设置改为距前视基准面后面 13mm。也可以将筋板特征以前视面为对称面镜像复制，镜像的操作见第 7 章工程特征。

11）倒圆角。将铸件毛坯面转折处倒圆角，圆角半径为 $R2mm$。圆角的详细操作见第 7 章工程特征。

12）添加材料。构建了零件的三维模型后，需要对零件进行材料的设置，以便在生成工程图时，材料等属性自动添加到零件图的标题栏中。设置方法如下：

单击【编辑】|【外观】|【材质】，或鼠标右键单击模型设计树中的【材质】处右键，如图 6-22 所示，在弹出的菜单中选择【编辑材料】，根据零件的类型选择适当的材料。

6.7.2　实例 2——泵体

泵体的三维模型如图 6-23 所示，泵体的零件图如图 6-24 所示。

泵体的三维建模过程如图 6-25 所示。主要特征的草绘图如图 6-26~图 6-30 所示。

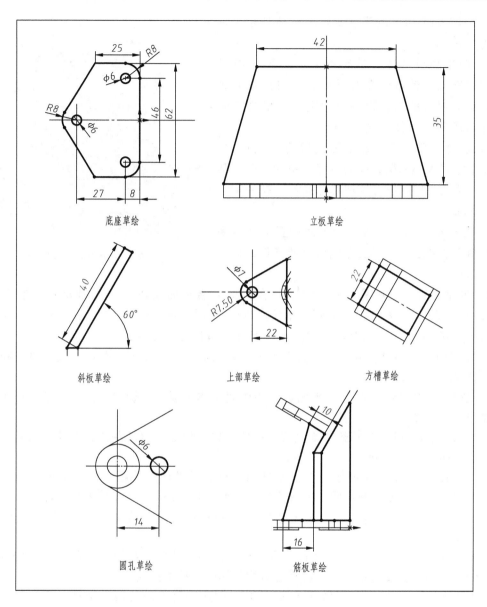

底座草绘 立板草绘

斜板草绘 上部草绘 方槽草绘

圆孔草绘 筋板草绘

图 6-21 支架主要特征的草绘图

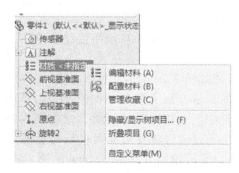

图 6-22 从模型树编辑材料

以下步骤 1) ~4) 的草绘图如图 6-26 所示，具体方法如下：

1) 创建底板基体。将底板的草绘平面设置为上视基准面，使草图左右对称线与前视基准面重合，前后对称线与右视基准面重合。草绘完成后拉伸出底座，拉伸深度：8mm。

2) 创建沉孔。将草绘平面设置为底板顶面，绘制 4 个相同大小的圆，圆的直径约束为与底板圆弧相等，草绘完成后进行拉伸切除操作，拉伸切除深度：1mm。

3) 创建底部凸台。将草绘平面设置为底板底面，绘制 2 个同心圆，草绘完成后拉伸操作，拉伸深度：4mm。

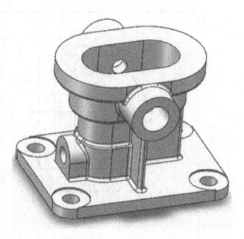

图 6-23　泵体的三维模型

4) 创建上面"半圆柱+长方体"凸台。将草绘平面设置为底板顶面，绘制直径为 $\phi36mm$ 的半圆和与之相切的长方形，草绘完成后进行拉伸操作，拉伸深度：24mm。

以下步骤 5) ~10) 的草绘图如图 6-27 所示，具体方法如下：

5) 创建中间实体 1。将草绘平面设置为圆柱顶面，绘制草图，草绘完成后进行拉伸操作，拉伸深度：20mm。

6) 创建中间实体 2。将草绘平面设置为中间实体 1 顶面，绘制草图，草绘完成后进行拉伸操作，拉伸深度：22mm。

7) 创建顶部实体。将草绘平面设置为中间实体 2 顶面，绘制草图，草绘完成后进行拉伸操作，拉伸深度：12mm。

8) 创建左边凸台。先创建与右视基准面平行的基准面，并距右视基准面左边 43mm。以此基准面为草绘平面绘制草图，完成草绘后拉伸，终止条件："成形到下一面"。

9) 创建上边空腔。以顶面为草绘平面绘制草图，完成草绘后拉伸切除，拉伸深度：27mm。

10) 创建空腔内凹坑。以空腔底面为草绘平面绘制草图，绘制 2 个相同大小的圆，圆的直径约束为与空腔直径相等，完成草绘后拉伸切除，拉伸深度：1mm。

以下步骤 11)、12) 为采用旋转切除的方法创建垂直方向的两个圆孔，草图尺寸如图 6-28所示，具体方法如下：

11) 创建左侧贯穿至底部的阶梯孔。以前视基准面为草绘平面绘制草图，完成草绘后旋转切除，旋转角度为默认 360°。

12) 创建右侧不通孔。以前视基准面为草绘平面绘制草图，完成草绘后旋转切除，旋转角度为默认 360°。

步骤 13) ~15) 的草图尺寸如图 3-29 所示，具体方法如下：

13) 创建前后筋板。以前视基准面为草绘平面绘制矩形草图，完成草绘后拉伸，终止条件："两侧对称拉伸"，拉伸深度：70mm。草绘图尺寸如图 6-29a 所示。

14) 创建上前部的圆柱。先创建与前视基准面平行的基准面，并距前视基准面前面距离为 49mm。以该基准面为草绘平面绘制直径为 $\phi32mm$ 的圆，完成草绘后拉伸，终止条件："成形到下一面"。草绘图尺寸如图 6-29b 所示。

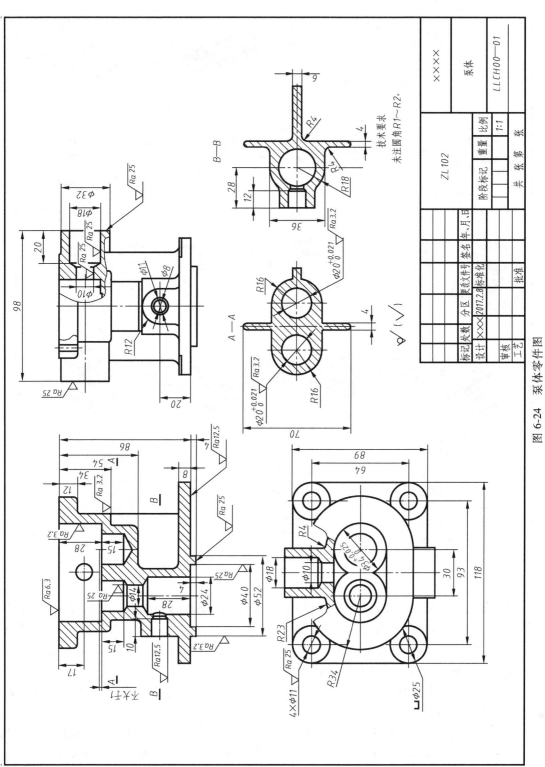

图 6-24 泵体零件图

图 6-25 泵体建模过程

15）创建上后部的对称圆柱。先创建与前视基准面平行的基准面，并距前视基准面后面距离为49mm。以该基准面为草绘平面绘制草图，完成草绘后拉伸，终止条件："成形到下一面"。也可以利用镜像特征命令，将上前部的圆柱镜像到后面，对称面为前视基准面。

以下步骤16）~19）的草图尺寸如图6-30所示，具体方法如下：

16）创建上前部阶梯孔。以右视基准面为草绘平面绘制草图，完成草绘后旋转切除，旋转角度默认为360°。

17）创建上后部对称阶梯孔。以右视基准面为草绘平面绘制草图，完成草绘后旋转切除，旋转角度默认为360°。也可以利用镜像特征命令，将上前部的阶梯孔镜像到后面，对称面为前视基准面。

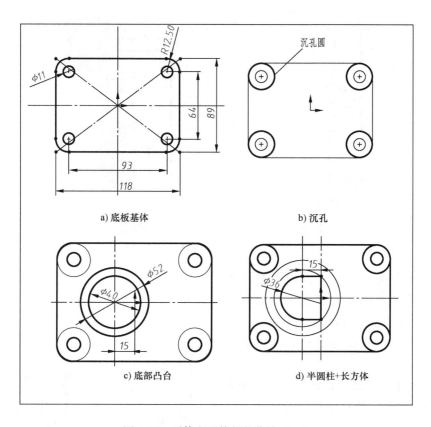

图 6-26 泵体主要特征的草绘（一）

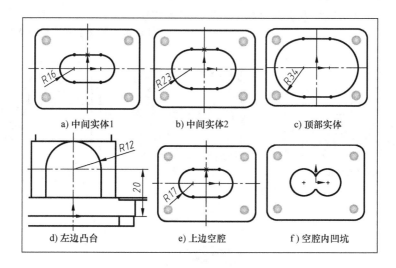

图 6-27 泵体主要特征的草绘（二）

18）创建右边筋板。以底板上面为草绘平面绘制草图，注意筋板右边轮廓线为圆弧，该圆弧与顶部实体的圆弧重合。左边轮廓亦为圆弧，与圆柱轮廓重合。完成草绘后拉伸，终止条件："成形到下一面"。预览效果如图 6-31 所示。

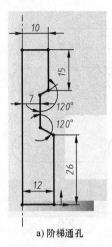

a) 阶梯通孔

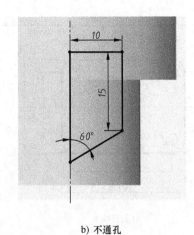

b) 不通孔

图 6-28　泵体主要特征的草绘（三）

19）创建左侧阶梯孔。以前视基准面为草绘平面绘制草图，完成草绘后旋转切除，旋转角度默认为 360°。在草绘时注意应将小孔的轮廓线超出与之相贯孔的轮廓线多一点。

20）将铸件毛坯面转折处倒圆角，圆角半径为 R1mm。圆角的详细操作见下一章工程特征。

21）添加材料。右击模型树中的【材质】，在弹出的菜单中选择【编辑材料】，选择适当的材料。

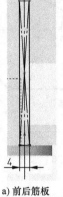

a) 前后筋板

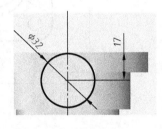

b) 上前部圆柱

图 6-29　泵体主要特征的草绘（四）

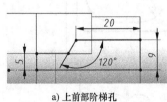

a) 上前部阶梯孔

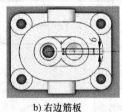

b) 右边筋板

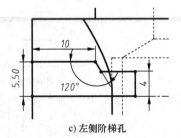

c) 左侧阶梯孔

图 6-30　泵体主要特征的草绘（五）

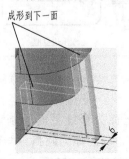

图 6-31　筋板的拉伸预览

第 **7** 章

零件工程特征与特征编辑操作

零件工程特征是指在已经完成的实体模型基础上，进行添加的各种附加特征，包括倒角特征、圆角特征、孔特征、装饰螺纹特征、拔模特征、筋特征等。

特征的编辑就是对已创建的实体特征的尺寸大小、参数之间的关系、特征的生成顺序以及相关修饰元素等做相应修改编辑。特征的操作是指对已创建的特征进行属性相同的一个或多个复制操作，主要有特征的镜像复制和特征的阵列复制。

本章详细介绍了 SolidWorks 工程特征的创建以及特征的操作、编辑方法，最后给出了一个利用基础特征和工程特征设计零件的综合实例。

7.1 倒角特征

7.1.1 倒角特征简述

倒角特征是在所选边线、面或者顶点上生成具有微小斜面的特征。

倒角特征包括边线倒角和顶点倒角，如图 7-1 所示，可对长方体边线进行倒角，也可对长方体的顶点进行倒角。

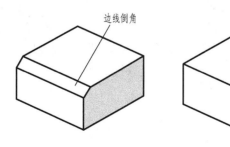

图 7-1　倒角特征

选取倒角特征命令方法如下：

1）从下拉菜单中选取。单击【插入】|【特征】|【倒角】命令。

2）单击【特征】工具栏中的【倒角】按钮。

7.1.2　倒角特征的创建

单击【特征】工具栏或菜单中的【倒角】命令，可以调出【倒角】属性管理器，通过在图形区域中选择模型上要倒角的对象，并对其进行相应的属性设置，确定倒角方式和输入参数，即可创建倒角特征。

1. 边线倒角特征的创建与属性

边线倒角特征是一个在两相交平面的交线上建立的斜面特征。

如图7-2所示为对模型上边线创建倒角时的属性设置，即确定倒角方式和倒角参数。

【倒角】属性管理器中，倒角参数的属性选项分别说明如下：

①【角度距离】：设定倒角样式为"距离×角度"的样式，在边线上生成倒角。

②【距离-距离】：设定倒角样式为"距离×距离"的样式，在边线上生成倒角。

③【顶点】：设定倒角样式为"顶点"的样式，即在顶点处生成倒角。

④【通过面选择】：通过激活隐藏边线的面来选取要倒角的边线。

⑤【保持特征】：生成倒角之后，可以在倒角处保持原有的特征（如拉伸或切除之类的特征），一般在生成倒角之后，这些特征将被切除。

⑥【切线延伸】：将倒角延伸到与所选实体相切的面或边线。

⑦【完整预览】：倒角预览模式为完整显示模式。

⑧【部分预览】：倒角预览模式为部分显示模式。

⑨【无预览】：倒角预览模式为不显示模式。

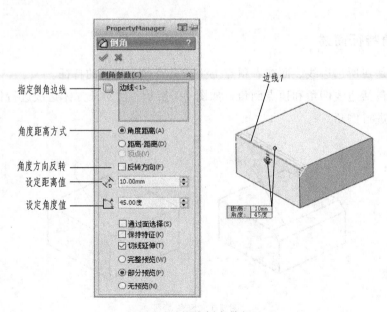

图7-2　边线倒角特征

2. 顶点倒角方式的创建与属性

顶点倒角特征是在几个面的交点（即顶点）上建立斜面特征。

如图 7-3 所示为对模型上顶点创建倒角时的属性设置，顶点在三个边上的距离参数值各不相同。如果顶点在三个边上的距离参数值相同则选中图 7-3 中的【相等距离】复选框。

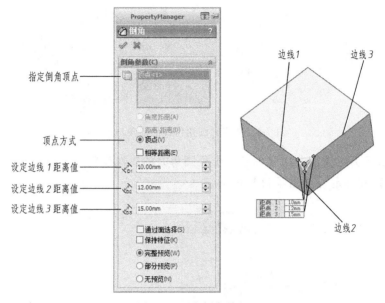

图 7-3　顶点倒角特征

7.2　圆角特征

7.2.1　圆角特征简述

圆角特征是在零件上选定的边线或面组的边线处生成相切圆角面的特征。一般情况下，圆角特征应在拔模特征之后添加，较大圆角应在较小圆角之前添加。

圆角特征类型可以分为等半径、变半径、面圆角、完整圆角四种，以等半径圆角特征和完整圆角特征较为常用，在此主要介绍常用的这两种圆角特征。

选取圆角特征命令方法如下：

1）从下拉菜单中选取。单击【插入】|【特征】|【圆角】命令。

2）单击【特征】工具栏中的【圆角】按钮。

7.2.2　圆角特征的创建

圆角特征的创建同倒角特征的创建方法一样，通过单击【特征】工具栏或菜单中的【圆角】命令后，在调出的【圆角】属性管理器中进行相应的属性设置，并在图形区域中选择模型上要圆角的对象，即可创建圆角特征。

1. 等半径圆角特征的创建与属性

等半径圆角特征是在模型的整个边线上生成具有相同半径的圆角，其圆角对象的选择可以是边、面或环等元素，选择面或环的结果都是对边线倒圆角。

如图 7-4 所示为对边线创建等半径圆角、对面或环创建等半径圆角的结果。

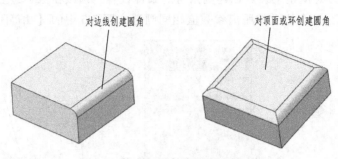

图 7-4　等半径圆角特征的圆角对象

　　如图 7-5 所示为对模型上边线创建等半径圆角时的属性设置，一般圆角的创建只需要选择【圆角类型】和确定【圆角项目】两项。

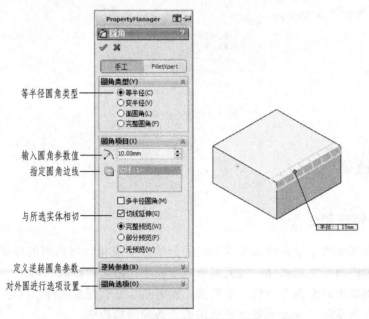

图 7-5　边线的等半径圆角特征

　　如图 7-6 所示为对模型顶面或环创建等半径圆角时的情况。

　　【圆角】属性管理器中各选项说明如下：

　　①【等半径】：生成具有相等半径的圆角特征。

　　②【变半径】：生成可变半径的圆角特征，使用控制点帮助定义圆角。

　　③【面圆角】：用于混合非相邻、非连续的面的圆角特征。

　　④【完整圆角】：完整圆角是生成相切于三个相邻面的圆角。

　　⑤【多半径圆角】：可以使用不同半径的三条边线生成圆角，但不能为具有共同边线的面或环指定多个半径。

　　⑥【切线延伸】：将圆角延伸到与所选实体相切的面或边线。

　　⑦【FilletXpert】：圆角专家模式，可以帮助管理、组织、重新排序圆角，也可以添加生成新的圆角，还可以修改现有的圆角。

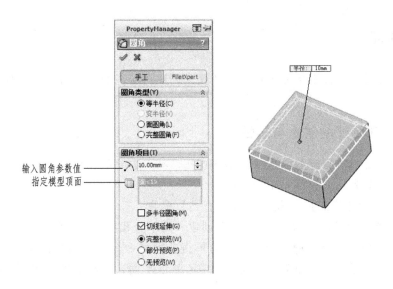

图 7-6　顶面或环的等半径圆角特征

2. 完整圆角特征的创建与属性

完整圆角特征是生成相切于三个相邻面组（一个或多个面相切）的圆角。

创建完整圆角特征时，不需要确定倒角参数，而是分别指定两个边侧面组、一个中央面组，则系统会在三个面之间自动生成与之相切的一个圆弧角，即为完整圆角特征。

如图 7-7 所示为对立方体模型的两个侧面及顶面创建完整圆角，生成了一个和三个面相切的圆角特征。

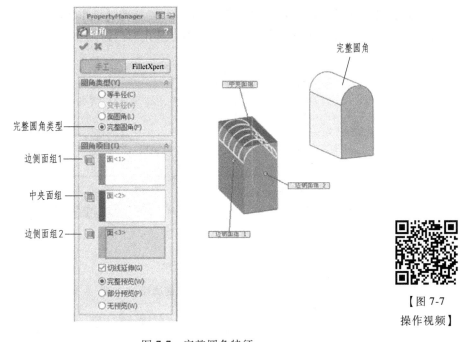

【图 7-7
操作视频】

图 7-7　完整圆角特征

7.3 孔特征

孔特征是在模型实体上生成各种类型的孔，利用孔特征的两个命令可以分别创建简单孔和异型向导孔。

7.3.1 简单孔特征的创建与属性

简单孔特征是指具有圆截面形状简单的直孔，其参数简单，常用于创建通孔特征。

简单孔特征命令从下拉菜单中选取：

单击【插入】|【特征】|【孔】|【简单直孔】命令。

如图 7-8~图 7-10 所示为在一底板件上创建一简单直孔特征的过程：

（1）确定孔中心基准平面　首先选取简单直孔特征命令，则出现图 7-8 所示的对话框，在实体模型上选择底板上平面为要创建孔的中心基准平面，此基准平面即为后面孔的属性中的草图基准面。

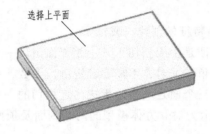

图 7-8　确定孔中心基准平面

（2）定义孔的属性　在确定了基准平面后，此时出现【孔】属性管理器（见图 7-9），进行属性设置，确定孔的直径参数并确定，初步完成孔的创建工作。

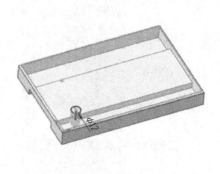

图 7-9　定义孔的属性

（3）定义孔中心位置　鼠标右键单击设计树中简单直孔图标，并选择编辑草图，如图 7-10 所示，进入孔位草图绘制环境，定义好位置尺寸，完成孔特征的创建。

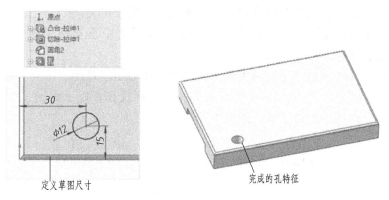

定义草图尺寸　　　　　　　　完成的孔特征

图 7-10　定义孔位草图完成孔的创建

7.3.2　异型向导孔特征的创建与属性

异型向导孔特征是具有较复杂轮廓形状的各种孔，如螺纹孔、标准沉头孔、标准不通孔等孔特征。

【图 7-10 操作视频】

异型向导孔特征命令由下列方法选取：

1）从下拉菜单中选取。单击【插入】|【特征】|【孔】|【异型向导孔】命令；

2）单击【特征】工具栏中的【异型向导孔】按钮。

如图 7-11 所示为异型向导孔特征的属性管理器，包括两个选项卡，一个是孔【类型】选项卡，一个是孔的中心【位置】选项卡。

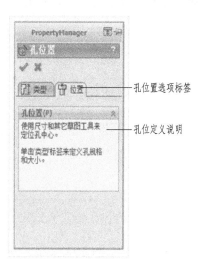

图 7-11　异型向导孔的属性管理器

在孔的【类型】选项卡中，包括【孔类型】、【孔规格】、【终止条件】、【选项】等几个选项组，【孔类型】包括柱形沉头孔、锥形沉头孔、孔、直螺纹孔、锥形螺纹孔、旧制孔几种，在确定了孔类型之后，其余的几个选项组的内容也有所不同，应分别按照需要来设置。

孔的【位置】选项卡，用于确定孔中心在几何零件表面上的位置，在选择了孔的定位基准表面之后，还需要进入草图中使用尺寸和约束工具进行定义。

另外还有一个【收藏】选项组，用于管理需要在模型中重复使用的常用异型向导孔，可以添加、更新、保存或删除收藏。

下面，以直螺纹孔的创建为例说明异型向导孔特征的创建过程。

如图 7-12 所示为在一个轮盘零件上创建的一个直螺纹孔，以上面的一个平面为放置该孔的定位基准面，孔位定位尺寸草绘如图 7-12 所示。

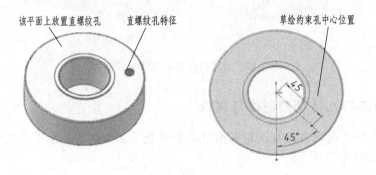

图 7-12　轮盘上创建直螺纹孔特征的位置及草绘

1）选取异型向导孔特征命令，调出属性管理器。

2）切换属性管理器到【位置】选项卡，在轮盘零件上选择孔的定位基准平面，如图 7-13 所示，并任意放置孔，以初步确定直螺纹孔的位置。

3）草绘孔的定位中心线，并标注尺寸，草绘图形如图 7-12 所示。

【图 7-12 操作视频】

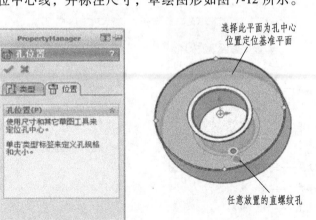

图 7-13　轮盘选择定位基准平面及任意放置孔

4）定义直螺纹孔的属性。如图 7-14 所示为各选项组的属性设置情况。在前一步确定了孔的中心位置后，切换属性管理器到【类型】选项卡中，在【孔类型】选项组中选择【直螺纹孔】，选择螺纹标准为【ISO】标准，在【类型】下拉列表框中选择【底部螺纹孔】。在【孔规格】中选取螺纹参数为【M10】，按图示依次定义【终止条件】等选项属性，即可完成对直螺纹孔的创建。

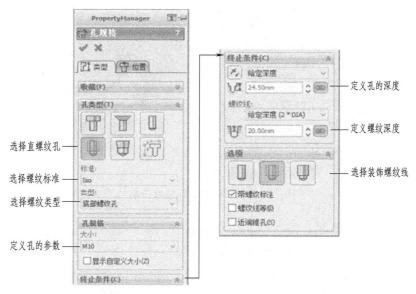

图 7-14　对创建的直螺纹孔进行属性定义

7.4　装饰螺纹线特征

装饰特征是指在其他特征基础上创建，并能在模型上清楚地显示出来的起修饰作用的一种特征。装饰螺纹线特征就是表示螺纹直径的修饰特征，可以在有螺纹修饰的模型上看出螺纹的形状。装饰螺纹线特征不能在零件建模时完整反映螺纹，但在工程图中会按照螺纹的标准规定画法清晰地显示螺纹的特征形状。

如图 7-15 所示为创建了装饰螺纹特征的外螺纹和内螺纹。

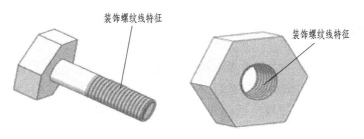

图 7-15　装饰螺纹特征

装饰螺纹特征命令从下拉菜单中选取：

单击【插入】|【注解】|【装饰螺纹线】命令。

如图 7-16 所示，选取装饰螺纹特征命令后，出现【装饰螺纹线】属性管理器，按操作信息说明，选择模型端部的圆形边线设定螺纹的起点，并选择端面为螺纹开始的基准面。

如图 7-17 所示，根据需要设置螺栓装饰螺纹特征的各项属性，完成装饰螺纹特征的创建。

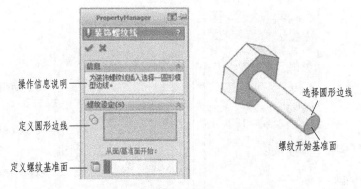

图 7-16　创建螺栓装饰螺纹特征

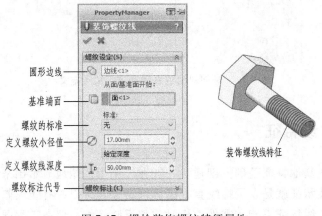

图 7-17　螺栓装饰螺纹特征属性

【图 7-17
操作视频】

螺纹标注代号可以标注出相对应的代号。

7.5　拔模特征

拔模特征用于创建具有一定斜度要求的铸件拔模面。可以在现有实体特征上进行拔模，也可以在实体特征创建时（如拉伸中）进行拔模。

如图 7-18 所示为创建了拔模特征的几何体，上面是对圆柱体表面拔模，下面是对棱柱的四个面拔模。

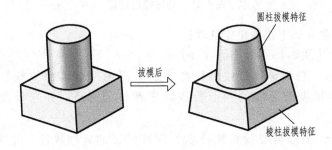

图 7-18　拔模特征

选取拔模特征命令方法如下：

1）从下拉菜单中选取。单击【插入】|【特征】|【拔模】命令。

2）单击【特征】工具栏中的【拔模】按钮。

拔模特征分为中性面拔模、分型线拔模和阶梯拔模三种类型，下面介绍建模中最常用的中性面拔模。

中性面拔模特征是通过设定拔模面、中性面和拔模方向等参数生成，以指定角度切削拔模面的特征。

如图 7-19 所示，对四棱柱进行拔模，在【拔模】属性管理器中，选择上平面为中性面，选择四棱柱的四个垂直面为拔模面，并定义拔模角度值为 7°。其中，【拔模沿面延伸】选项组可对拔模面进行进一步的定义，一般情况下选择【无】，即系统只对所选拔模面进行拔模操作。完成的棱柱拔模特征如图 7-18 所示。

同理，可以对图 7-18 中的圆柱面创建拔模特征。

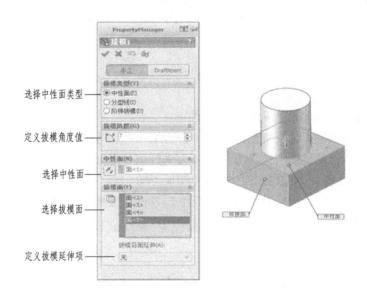

图 7-19　创建拔模特征

7.6　筋特征

筋特征用于创建零件结构中的筋结构，筋结构是机器零件中一种典型的工程结构。建模时有些筋的结构也可以用拉伸完成，筋特征不同于拉伸特征的地方是，其截面草图是不封闭的，只是画出对应的筋轮廓线，但所画筋轮廓线端点必须在模型两端的轮廓线上，且截面两端必须与接触面对齐。

选取拔模特征命令方法如下：

1）从下拉菜单中选取。单击【插入】|【特征】|【筋】命令。

2）单击【特征】工具栏中的【筋】按钮。

下面以创建圆柱和底板之间的筋板为例，说明筋特征的创建过程。

选取筋特征命令，则出现如图 7-20 所示的【筋】属性管理器，根据信息提示，选择模型中的基准面 2 为绘制草图截面的基准面，然后绘制图中的草图直线，注意直线的两个端点必须在底板和圆柱的轮廓线上。

完成草图之后，进入【筋】特征属性管理器，如图 7-21 所示，定义筋的厚度方式为两侧方式，筋的拉伸方向为平行于草图方向，材料生成方向为向内，并定义筋的厚度值、拔模角度值，完成筋特征的创建。

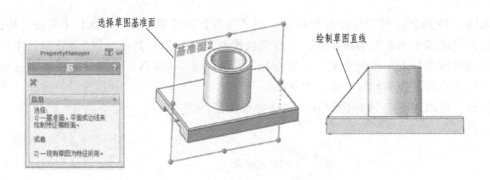

图 7-20　创建筋特征时的基准与草图

【筋】特征属性管理器的选项补充说明如下：

① 【厚度】：在草图边缘设置筋的厚度，分为第一边、两侧、第二边三种类型。

② 【拉伸方向】：设置筋的拉伸方向，分为平行于草图方向和垂直于草图方向两种。

③ 【反转材料方向】：更改拉伸的方向为相反方向。

④ 【拔模开关】：添加拔模特征到筋特征上，并设置拔模角度值。

⑤ 【所选轮廓】：用来列举生成筋特征的草图轮廓。

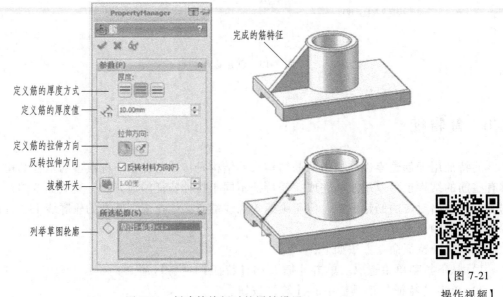

【图 7-21
操作视频】

图 7-21　创建筋特征时的属性设置

7.7　特征的操作

特征的操作是指对已创建的特征进行属性相同的一个或多个复制操作，主要有特征的镜像复制和特征的阵列复制。

7.7.1　特征的镜像

特征的镜像是将源对象特征相对于镜像基准面进行镜像复制，从而得到与源对象特征对称的一个副本特征。

选取镜像特征命令方法如下：

1）从下拉菜单中选取。单击【插入】|【阵列/镜像】|【镜像】命令。

2）单击【特征】工具栏中的【镜像】按钮。

如图 7-22 所示为对筋特征进行镜像的情况，选择基准面 1 为镜像基准面，选择筋特征为要镜像的特征，即可创建出以基准面对称的筋特征，完成的镜像特征如图 7-22 中所示。

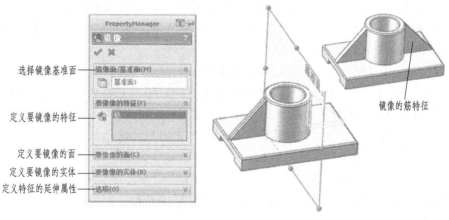

图 7-22　创建筋特征的镜像特征

【镜像】属性管理器的选项补充说明如下：

①【镜像面/基准面】：可以选择实体模型上的一个面，也可以选择一个创建的基准面。

②【要镜像的特征】：可以在模型中选择一个或多个特征，也可以在模型树中选择要镜像的特征。

③【要镜像的面】：在模型中选择要镜像的特征的面。

④【要镜像的实体】：选择要进行镜像的一个或多个实体对象。

⑤【选项】：用于定义特征的求解方式和延伸现象属性。

7.7.2　特征的阵列

特征的阵列功能是利用特征设计中的驱动尺寸，设置对应的尺寸增量并按一定位置规律来复制源特征，主要有线性阵列、圆周阵列。

1. 线性阵列

特征的线性阵列就是将源特征以线性排列的方式进行复制，使源特征产生多个副本。

选取线性阵列特征命令方法如下：

1）从下拉菜单中选取。单击【插入】|【阵列/镜像】|【线性阵列】命令。

2）单击【特征】工具栏中的【线性阵列】按钮。

如图 7-23 所示，以底板上的简单孔特征为源特征，进行两行三列的线性阵列后，得到一个具有六个孔的孔组阵列。

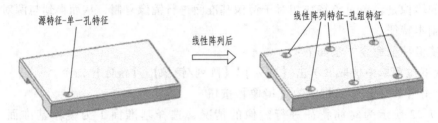

图 7-23　线性阵列孔特征

下面以创建图 7-23 中的线性阵列孔特征为例，说明特征线性阵列的方法。

如图 7-24 所示，在【阵列（线性）】属性管理器中，需要分别按两个方向依次确定参考边线、参考间距、实例数，在模型实体中选择相应两条边线，并选择阵列源即要阵列的孔特征，即可得到一个孔组阵列。

【阵列（线性）】属性管理器各选项补充说明如下：

①【方向1】、【方向2】：为线性阵列的参考方向，可以选择线性边线、直线、轴或尺寸等作为阵列方向的参考边线，参考方向可以通过箭头按钮变换。

②【间距】：设置阵列实例之间的距离值，也即参考尺寸的增量值。

③【实例数】：设置阵列实例的数量。

④【只阵列源】：只阵列源特征所在行列的实例。

⑤【要阵列的特征】：选择要阵列的特征对象，即源特征。

⑥【要阵列的面】：选择阵列源特征上的面。

⑦【要阵列的实体】：用于在多实体零件中选择要阵列的实体来生成线性阵列。

⑧【可跳过的实例】：在生成线性阵列时，可以跳过在模型实体上选择的阵列实例，该实例不会被阵列出来。

⑨【选项】：定义特征的求解方式和延伸现象属性。

⑩【变化的实例】：设置变化的实例的变化参数。

2. 圆周阵列

特征的圆周阵列就是将源特征以圆周排列的方式进行复制，使源特征在周向产生多个副本。

选取圆周阵列特征命令方法如下：

1）从下拉菜单中选取。单击【插入】|【阵列/镜像】|【圆周阵列】命令。

2）单击【特征】工具栏中的【圆周阵列】按钮。

如图 7-25 所示为对圆盘零件上的螺纹孔进行圆周阵列，基准轴 1 为圆周阵列的参考轴，源特征为一螺纹孔。

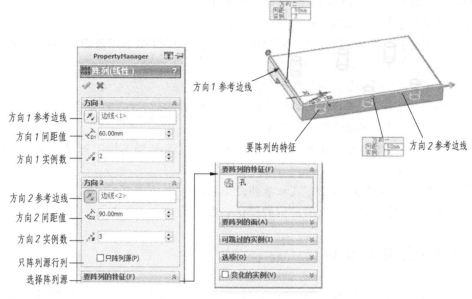

图 7-24 线性阵列特征属性设置

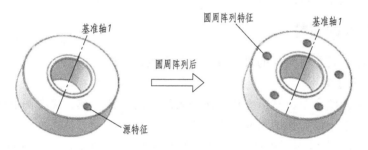

图 7-25 圆周阵列特征

圆周阵列的属性设置与说明如图 7-26 所示。

图 7-26 圆周阵列特征属性设置

【图 7-26 操作视频】

【阵列（圆周）】属性管理器各选项补充说明如下：

①【阵列基准轴】：为圆周阵列的参考中心轴。

②【阵列角度】：设置阵列实例之间的角度范围值，可以在360°范围之内进行设置。

③【实例数】：设置阵列实例的数量。

④【等间距】：实例数在指定的角度范围内均布。

⑤【要阵列的特征】：选择要阵列的特征对象，即源特征。

⑥【要阵列的面】：选择阵列源特征上的面。

⑦【可跳过的实例】：在生成圆周阵列时，可以跳过在模型实体上选择的阵列实例，该实例不会被阵列出来。

⑧【选项】：定义特征的求解方式和延伸现象属性。

⑨【变化的实例】：设置变化的实例的变化参数。

7.8 特征的编辑与重定义

特征的编辑就是对已创建的实体特征的尺寸大小、参数之间的关系、特征的生成顺序以及相关修饰元素等做相应修改编辑。

7.8.1 特征尺寸的编辑

特征尺寸的编辑就是对特征的尺寸及相关元素进行修改。

1. 显示特征尺寸值

在零件模型设计状态下，从模型树中选择要编辑的特征，或直接在图形区域中双击要编辑的特征，此时被选中的特征的尺寸会显示出来。

如图7-27所示，在座体零件的模型树中单击【凸台-拉伸2】，则在图形中圆柱的直径φ70和高度尺寸60显示出来，进入编辑状态。

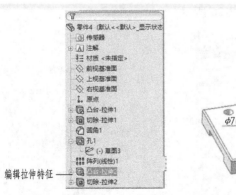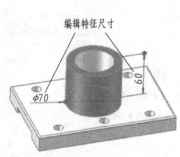

图7-27 显示圆柱的直径和高度尺寸

2. 修改特征尺寸值

在尺寸编辑状态下，双击要修改的特征尺寸如60mm，系统弹出【修改】对话框，如图7-28所示，在【修改】对话框的文本框中输入新的数值50mm并确定，完成该特征尺寸修改。同理，修改尺寸φ70mm为φ68mm。显示的模型尺寸如图7-28所示。

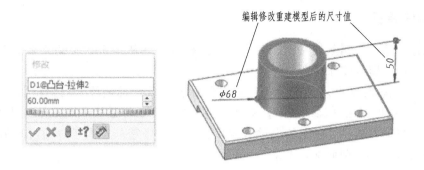

图 7-28　编辑圆柱的直径和高度尺寸

3. 修改特征尺寸的修饰参数

如要修改某个尺寸的公差，则双击该尺寸后会弹出相应的【尺寸】属性管理器，其中包括尺寸精度区域，选择并进行更改之后确定，完成修改。

有关尺寸及公差的属性管理器的内容介绍见第 9 章工程图设计部分。

7.8.2　查看特征父子关系

在设计树中鼠标右键单击某特征，在弹出的快捷菜单中选择【父子关系】，则会弹出【父子关系】对话框，可以查看特征之间的父子关系的情况。

如图 7-29 所示为查看筋特征的父子关系过程，在【父子关系】对话框中，【草图 5】、【基准面 2】、【凸台-拉伸 1】、【圆角 2】、【圆角 3】是父特征，镜像特征是子特征，编辑父特征会影响相应的子特征，如删除父特征则子特征也会跟着被删除，删除子特征则父特征不会受影响。

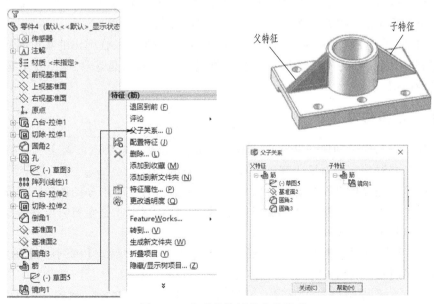

图 7-29　查看筋特征的父子关系

7.8.3 删除特征

在模型树中选中要删除的特征，然后单击鼠标右键并从弹出的快捷菜单中选择删除命令，确认删除后，即可删除特征。

例如，删除图 7-29 所示的筋特征，单击鼠标右键后选择删除，则弹出图 7-30 所示的【确认删除】对话框。在【确认删除】对话框里，要删除的特征的子特征会随同被删除，但其内含的草图特征等项目可以选择删除或保留，如实例中筋的草图可以通过取消选中【同时删除内含的特征】选项而保留下来。

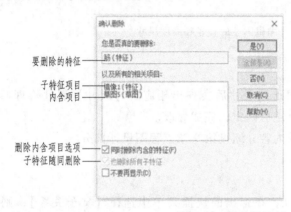

图 7-30　删除筋特征

7.8.4 特征的重定义

特征创建完成之后，如果需要重新定义特征的属性、截面形状以及特征的深度等，就必须对特征进行编辑定义，也即对特征进行重定义。

特征重定义的方式：在设计树中鼠标右键单击某特征，则会出现图 7-31 所示中的一组菜单图标，可以重定义特征的属性，也可以重定义特征的草绘截面。

如图 7-31 所示，在模型树中鼠标右键单击【切除-拉伸1】，在弹出的菜单图标中，选择第一项【编辑特征】，则进入【特征创建】属性管理器，如果是选择第二项【编辑草图】，则进入草绘截面图。

7.8.5 特征的重排序

有时零件特征的创建顺序不当会影响模型特征的生成，甚至还可能会引起特征生成失败。因此，在某些时候需要对已创建的特征进行重新排序。

特征重排序就是在模型树中，对已创建的特征模型进行建模顺序的调整。操作方法是在零件的模型树中选中某一特征，按住鼠标左键不放并拖动鼠标，拖至所需位置后，再松开左键，即可改变该特征在模型树中的位置。

如图 7-32 所示，【孔】特征的创建原来是在【圆角2】之后、【阵列（线性）1】之前，通过调整放到了【凸台-拉伸1】之后、【切除-拉伸2】之前。

注意：特征在重排序时，不能将一个子特征拖至父特征之前，如图 7-32 中的【阵列（线性）1】是【孔】特征的子特征，它的位置只能在孔之后而不能拖到孔之前。

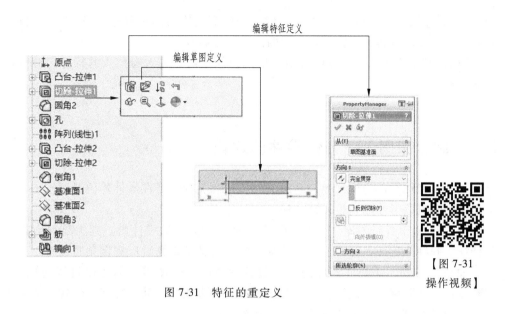

图 7-31 特征的重定义

【图 7-31
操作视频】

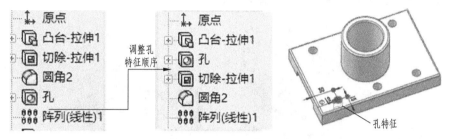

图 7-32 调整【孔】特征的创建顺序

7.8.6 特征的插入

当零件的特征创建已经完成之后，又想在其中某个位置添加某个新的特征，则可以进行特征的插入操作。

如图 7-33 所示，在模型树中特征的最下面，把建模控制棒由【镜像 1】之后直接拖动

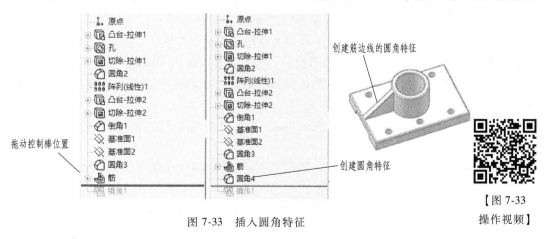

图 7-33 插入圆角特征

【图 7-33
操作视频】

到【镜像 1】之前【筋】特征之后，然后创建筋边线的圆角特征【圆角 4】，再把控制棒拖回特征最下面即【镜像 1】之后，即插入了一个特征。

　　【筋】特征上加入了圆角特征后，筋的镜像也需要加入圆角 4 的特征，对镜像进行编辑定义选择该特征即可。

7.9　综合实例——壳体零件的建模

　　本节以壳体零件为例，综合介绍基础特征、工程特征在零件建模过程中的创建方法，进一步熟悉和巩固零件的建模设计方法。

　　图 7-34 所示为壳体零件模型，图 7-35 所示为壳体的零件图。其主要表面特征有凸台平面特征、圆柱体特征、孔特征、筋特征、螺纹特征、圆角特征和倒角特征等。

　　如图 7-36 所示为壳体零件的建模过程示意图。壳体零件的建模过程应用了凸台拉伸、切除拉伸、切除旋转、拔模、简单孔、标准孔、螺纹孔、筋、阵列、镜像、装饰螺纹线、圆角、倒角以及基准等各项特征的创建与操作方法。

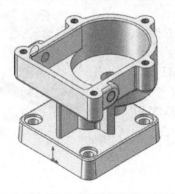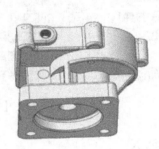

图 7-34　壳体零件模型

　　壳体零件的建模操作过程说明如下：

　　1）创建底板基体特征。以上视基准面为草绘平面绘制草图 1（见图 7-37a），四边形尺寸为 68mm×68mm，完成草绘后进行拉伸深度尺寸为 15mm。

　　2）创建底板圆柱孔特征。以上视基准面为草绘平面绘制草图 2（见图 7-37b）孔直径为 φ48mm，孔深为 10mm。完成草绘后进行拉伸切除，拉伸深度为 10mm。

　　3）创建拔模特征。以底板上平面为中性面，对底板垂直面进行拔模，拔模斜度的角度值为 4°。

　　4）创建底板小孔特征。创建简单孔 φ7mm，孔位置为底板底面孔位尺寸见草图 3，如图 7-37c 所示。

　　5）创建沉孔特征。以底板上平面为草绘平面绘制草图 4（见图 7-38a），绘制 φ14mm 圆孔，完成草绘后拉伸切除，深度为 2mm。

　　6）线性阵列孔特征。线性阵列简单孔以及沉孔特征，选择底板上面两条边线为阵列方向，两个方向上的间距均为 52mm，实例数均为 2。

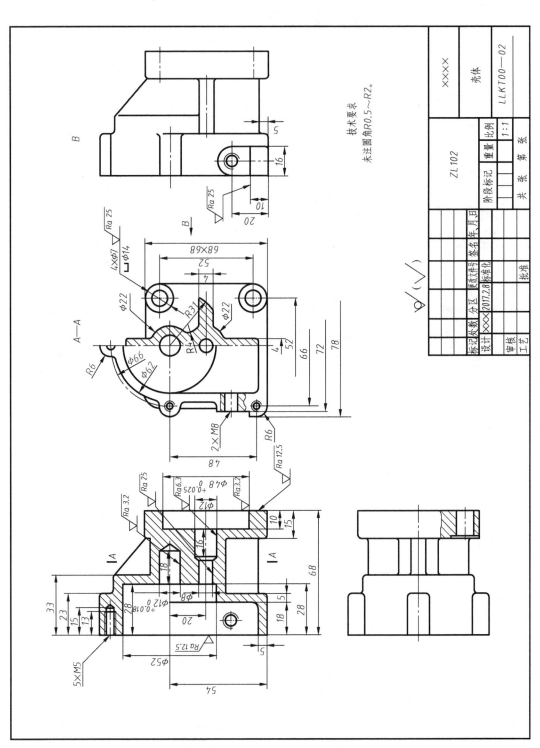

图 7-35 壳体零件图

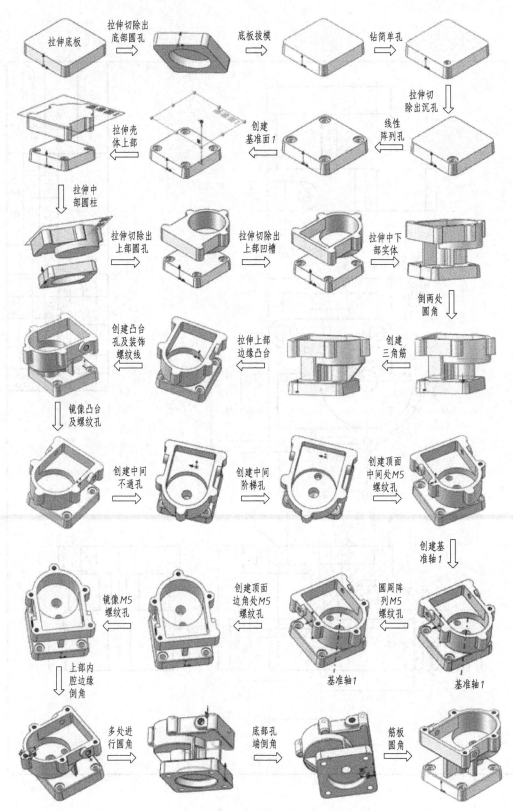

图 7-36　壳体零件的创建过程

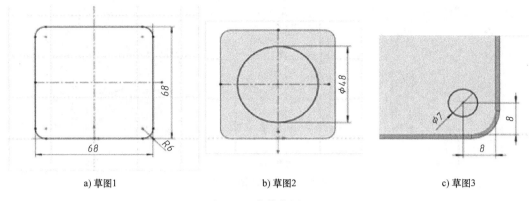

a) 草图1   b) 草图2   c) 草图3

图 7-37　壳体草图（一）

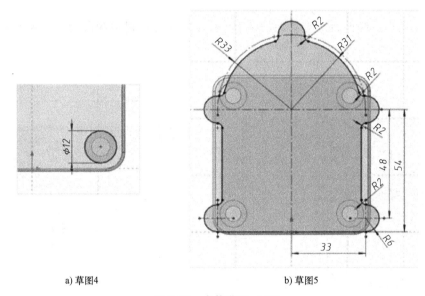

a) 草图4   b) 草图5

图 7-38　壳体草图（二）

7）创建基准面 1。以上视基准面为基准，创建与其平行，距离为 68mm 的基准面 1。

8）创建壳体上部特征。以基准面 1 为草绘平面绘制草图 5，如图 7-38b 所示，完成草绘后拉伸实体，深度为 23mm。

9）创建壳体中部圆柱特征。以壳体上部特征的下面为草绘平面进行草绘，绘制草图 6 中的圆柱尺寸 ϕ62mm，如图 7-39a 所示，完成草绘后拉伸实体，拉伸深度为 10mm。

10）创建上部圆孔特征。以壳体上部特征的上面为草绘平面绘制草图 7 中的圆孔 ϕ52mm，如图 7-39b 所示，完成草图后进行拉伸切除，拉伸深度为 28mm。

11）创建上部凹槽特征。以上部特征的上面为草绘平面绘制草图 8，如图 7-39c 所示，完成草图后进行拉伸切除，拉伸深度为 18mm。

12）创建中下部实体特征。以底板的上平面为草绘平面绘制草图 9，如图 7-40a 所示，完成草绘后拉伸实体，拉伸方向向上，拉伸深度选择【成形到下一面】选项。

13）创建两处圆角特征。将要创建三角形筋板的两端处的边线创建圆角，圆角半径为 2mm。

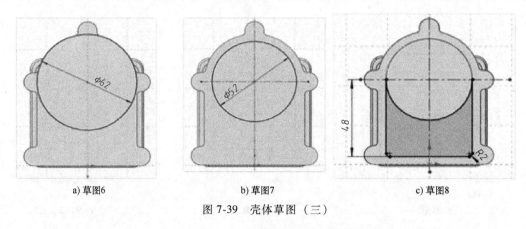

a) 草图6   b) 草图7   c) 草图8

图 7-39   壳体草图（三）

14）创建三角形筋特征。以右视基准面为草绘平面绘制草图 10 设置筋厚度 4mm，如图 7-40b 所示。

15）创建上部边缘凸台。选择如图 7-41a 所示的面为创建边缘凸台的草绘平面绘制草图

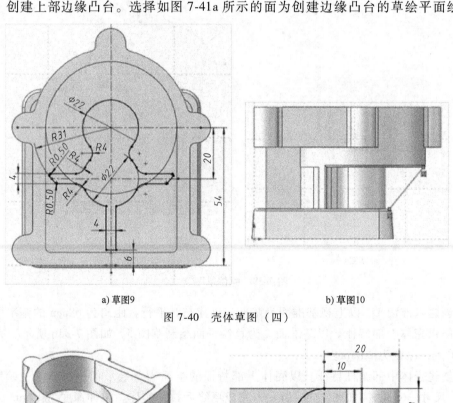

a) 草图9   b) 草图10

图 7-40   壳体草图（四）

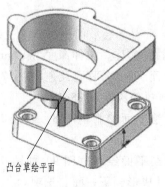

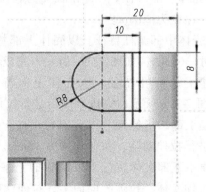

a) 草绘平面的确定   b) 草图11

图 7-41   壳体草图（五）

11，草绘图如图 7-41b 所示，完成草绘后拉伸实体，拉伸深度为 5mm。

16）创建凸台孔特征。以凸台平面为基准平面钻孔 φ7mm，孔位置与凸台半圆同心，如图 7-42a 所示草图 12，孔深选择【成形到下一面】选项。

17）创建装饰螺纹线特征。对边缘凸台孔创建修饰螺纹线特征，选择 φ7mm 孔的边线，则对话框中默认螺纹孔直径为 8mm，如图 7-42b 所示为已进行修饰螺纹线的特征。

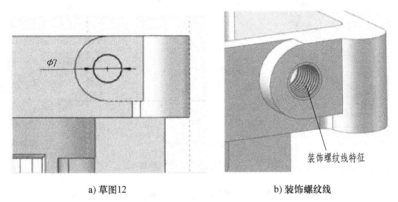

a) 草图12　　　　　　　　　　　b) 装饰螺纹线

图 7-42　壳体草图（六）

18）镜像凸台及孔特征。以右视基准面为镜像基准面，镜像边缘凸台及其螺纹孔特征。

19）创建中间不通孔。以右视基准面为草绘平面绘制草图 13，草绘图如图 7-43a 所示；完成草绘后进行 360°的旋转切除。

20）创建中间阶梯孔。切除旋转 2，以右视基准面为草绘平面绘制草图 14，草绘图如图 7-43b 所示；完成草绘图后进行 360°的旋转切除。

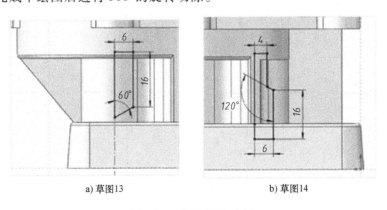

a) 草图13　　　　　　　　　　　b) 草图14

图 7-43　壳体草图（七）

21）创建螺纹孔特征 1。利用异型孔向导创建顶面中部 M5 螺纹孔 1，孔中心位置与外部圆弧面同轴，螺纹孔位置如图 7-44a 所示中的 M5 螺纹孔位置 1。

22）创建基准轴特征。创建基准轴 1，作为圆周阵列的参考轴。

23）圆周阵列螺纹孔。以基准轴 1 为参考轴，对刚创建的螺纹孔 M5 进行陈列，陈列角度 180°，实例数 3，如图 7-44b、c 所示。

24）创建螺纹孔特征 2。利用异型孔向导创建顶部 M5 螺纹孔 2，孔中心位置与外部圆弧面同轴，螺纹孔位置如图 7-44a 所示中的 M5 螺纹孔位置 2。

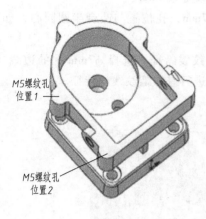

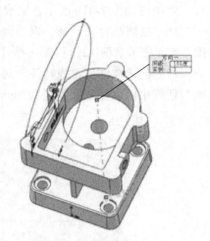

a) 螺纹孔位置的确定	b) 圆周阵列对话框	c) 圆周阵列操作

图 7-44 创建顶部 M5 螺纹孔

25）镜像螺纹孔。以右视基准面为镜像基准面，镜像 M5 螺纹孔特征。

26）创建圆角特征 2。对壳体上部的下边缘及凸台边缘、壳体下部内孔底部创建圆角，半径为 2mm。

27）创建倒角特征 1。对壳体上部内孔及槽端部边缘进行倒角，尺寸为 C_2。

28）创建倒角特征 2。对壳体下部的孔端进行倒角，尺寸为 C_1。

29）创建圆角特征 3。对筋板两边创建圆角，半径为 1mm。

30）创建圆角特征 4。对筋板上下底部处的边缘各处创建圆角，半径为 1mm。

第 **8** 章

装 配 设 计

8.1 装配建模一般过程

实际的产品设计中，常常需要对组成其功能的多个零部件进行装配，以形成产品的装配体模型。SolidWorks 中装配体的建立需要在装配环境下进行，即需要首先建立一个装配文件，然后向这个文件中添加零件，装配体中的零部件可以是独立的零件或子装配体。Solid-Works 中的装配方式主要有两种：自底而上的装配方式和自顶而下的装配方式。

8.1.1 自底而上的零件装配

自底而上的装配方式需要首先完成所有组成零件的模型设计，然后建立一个新的装配体文件，插入所需要的、已经建立好的零件。它是一种比较传统的方法，主要应用于相互位置关系及重建行为较为简单的零部件的设计。

装配体建模的基本步骤为：

（1）建立一个新的装配文件　单击【文件】|【新建】命令，系统弹出【新建文件】对话框，选择【装配体】，单击【确定】按钮，建立一个新的装配文件。

（2）在装配件中添加已设计的零件　新建装配文件后，在【开始装配体】对话框中单击【要插入的零件/装配体】列表栏下的【浏览】按钮，选择需要添加的零件文件名。也可以单击【插入】|【零部件】|【现有零件/装配件】命令使系统弹出【插入零部件】对话框。

（3）继续向装配件中添加零件　其他零部件在添加时可以放在图形区任意位置，但是必须与先加入的零部件确定装配关系。单击【插入】|【配合】命令，出现【配合】对话框，选择新零件与已存在零件间需要的配合关系以定位新零件。

例如，零件间是孔与轴配合，可设定两零件端面"重合"配合关系，并设定两零件的圆柱接触面为"同轴心"配合关系。装配体不一定要完全约束轴和孔的配合，轴在孔中的旋转自由度不需要约束。

8.1.2 自顶而下的零件装配

自顶而下的装配方法不需要在装配之前设计零件。设计过程中，可以利用一个零件的几何体来帮助定义另一个零件，或利用布局草图来定义固定的零件位置、基准面等，然后参考这些定义来设计零件，适用于精度要求很高，装配关系复杂的零件。自顶而下的零件设计方法是在装配文件中设计新零件的方法（详见8.5.1）。

实际设计中经常是自顶而下、自底而上两种装配方式的结合应用。

8.2 定位零部件

装配体中零部件的位置可通过坐标或添加配合关系来定位。配合关系是约束零部件自由度的几何关系。在添加配合关系之前，零部件有6个自由度，配合关系使得零部件之间相互约束，减少自由度，从而将零部件组装为一个完整的装配体。

8.2.1 固定零部件

新建装配文件后，在【插入零部件】对话框中，单击文件列表框下的【浏览】按钮，选择需要添加的零件文件名，然后用鼠标左键在图形区域内选一点，则系统以此点的坐标来放置添加的零部件。

第一个添加到装配件中的零件一般是基础件，如果要求将其放置在原点，此时应注意不要在图形区域内任意选点，直接选【√】确定，则该零件的坐标系与装配体坐标系重合。在装配体中加入第一个零部件时，该零部件会自动设为固定状态。在基础零件的右键菜单中，单击【浮动】，可解除固定关系。其他的零部件可以在加入后再定位。

装配文件中使用装配树来管理装配体。装配树中包括装配中的各个零件以及配合特征。通过装配树，可以查看装配体中的各个零件以及零件间的配合关系，并在需要时进行编辑。装配树包含大量的符号、前缀和后缀，它们提供关于装配体和其中零部件的信息，如编辑、隐藏、压缩、轻化、固定、浮动等状态信息。

8.2.2 移动、旋转零部件

移动或者旋转零部件是相对于装配体而言的。插入的零部件在没有添加装配关系约束时，可以旋转或者移动到适当的位置，以便于装配或选择配合的点、线和面。对于已部分约束的零部件，可以沿约束允许的方向进行移动或者旋转。

1. 移动零部件

单击【移动零部件】图标，弹出【移动零部件】对话框如图8-1所示，在其中的【移动】选项下，有五种移动的方法：

（1）自由拖动　此时将光标放在需要移动的零件上，当光标变为十字符号时，零件随着光标的移动而移动。

（2）沿装配体XYZ　指定装配体上的一点，作为基准点。在其下的坐标输入框中，指定相对于此点沿XYZ轴方向的相对位移量。

（3）沿实体　指定装配体中的一个面，然后用光标拖动，零件只沿与此平面平行的方向移动。

（4）由DeltaXYZ　指定沿XYZ轴的相对位移量。

（5）到XYZ位置　指定目的点坐标。

2. 旋转零部件

单击【旋转零部件】图标，弹出【旋转零部件】对话框如图 8-2 所示，在其中的【旋转】选项下，有三种旋转方法：

（1）自由拖动　当光标放在需要旋转的零件上时，光标变为旋转符号，此时该零部件可以随光标的移动而旋转。

（2）对于实体　在装配体中指定一旋转轴，用光标拖动零件，可绕此轴旋转。

（3）由 DeltaXYZ　指定相对于 XYZ 轴的旋转角度。

图 8-1　【移动零部件】对话框

图 8-2　【旋转零部件】对话框

8.2.3　添加、删除配合关系

1. 配合种类

添加配合关系将零部件定位，SolidWorks 提供了十几种装配配合类型，供用户选择，包含标准配合、高级配合、机械配合。

（1）标准配合　标准配合类型的种类及含义如下：

【重合】：将所选面、边线及基准面定位（相互组合或与单一顶点组合），使它们共享同一个无限基准面。定位两个顶点使它们彼此重叠。

【平行】：放置所选项，使它们彼此间保持平行等间距。

【垂直】：将所选项以彼此间 90° 角放置。

【相切】：将所选项以彼此间相切放置（至少有一选择项必须为圆柱面、圆锥面或球面）。

【同轴心】：使所选对象之间实现共享同一中心线。

【锁定】：保持两个零部件之间的相对位置和方向。

【距离】：将所选项以彼此间指定的距离放置。

【角度】：将所选项以彼此间指定的角度放置。

【配合对齐】：根据需要切换配合对齐方式。【同向对齐】：与所选面正交的矢量指向同一方向；【反向对齐】：与所选面正交的矢量指向相反方向。

机械产品测绘与三维设计

（2）高级配合　高级配合类型的种类及含义如下：

【对称】：使一个零件的两侧面相对于基准面或平面对称。

【宽度】：将标签置中于凹槽宽度内。

【路径】：将零部件上所选的点约束到路径。

【线性/线性耦合】：在一个零部件的平移和另一个零部件的平移之间建立几何关系。

【限制】：允许零部件在距离配合和角度配合的一定数值范围内移动。

（3）机械配合　机械配合类型的种类及含义如下：

【凸轮】：迫使圆柱、基准面或点与一系列相切的拉伸面重合或相切。

【齿轮】：强迫两个零部件绕所选轴彼此相对旋转。

【铰链】：将两个零部件之间的移动限制在一定的旋转范围内。

【齿条和齿轮】：一个零件（齿条）的线性平移引起另一个零件（齿轮）的周转，反之亦然。

【螺旋】：将两个零部件约束为同心，在一个零部件的旋转和另一个零部件的平移之间添加几何关系。

【万向节】：一个零部件（输出轴）绕自身轴的旋转是由另一个零部件（输入轴）绕其轴的旋转驱动的。

2. 添加或删除配合

单击【插入】|【配合】，用户可在弹出的【配合】属性管理器的选项卡中添加或编辑配合，如图8-3所示。所有配合类型会始终显示在【配合】属性管理器中，但只有适用于当前选择的配合才可供使用。当配合框中有多个配合时，可以选择其中一个进行编辑。

图 8-3　各种配合类型

— 156 —

如图 8-3 所示，单击【配合选择】下的选项框，在图形区中单击选择零部件的点、边线、面等作为添加配合的对象。选择两个或多个其他零部件上的实体进行配合。

【配合】选项框中显示的是已经添加的配合关系，该选项详细显示了配合的类型、配合的几何特征名称。选择一个配合关系，单击鼠标右键可以选择删除该配合。

8.2.4 修改配合关系

装配体添加配合关系后，如要进行配合关系的修改，应考虑配合的零部件在装配体中的位置。修改或删除其中一个或多个配合关系后，将会影响整个装配体的配合关系，应避免出现相互冲突的配合关系或导致其他配合关系出错。

在装配树中，单击【配合】左侧的"+"，属性管理区将显示装配中所有的配合关系。鼠标右键单击任意一个配合关系，会出现相应的编辑选项，如图 8-4 所示。单击【编辑特征】按钮，弹出相应配合的属性管理器，如图 8-5 所示，此时可对配合关系进行重新设置。

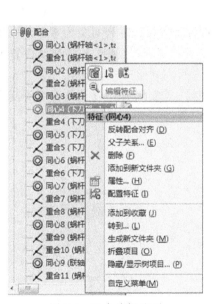

图 8-4　配合编辑选项

图 8-5　配合属性管理器

8.3　零部件阵列、镜像与复制

对装配体的零部件可以进行阵列、镜像和复制等编辑操作，与零件中的编辑类似。

8.3.1　线性阵列

线性零部件阵列可在一个或两个方向生成零部件，阵列后的零部件的属性与源零部件的属性相同。

【线性阵列】属性管理器的设置：

单击【插入】|【零部件阵列】|【线性阵列】命令，出现【线性阵列】属性管理器，如图 8-6 所示。设置如下：

（1）【方向 1】、【方向 2】 【方向 1】、【方向 2】中可设置阵列的【方向】、【间距】和【实例数】。单击【阵列方向】选项框，在图形区中选择一条线性尺寸作为阵列的方向，单击其前面的按钮可以改变阵列方向。间距是相邻阵列零部件中心之间的距离，在【间距】文本框中输入相应数值。实例数是包含源零部件的阵列总数，在【实例数】文本框中输入阵列数。

（2）【要阵列的零部件】 单击【要阵列的零部件】选项框，在图形区选择要阵列的零部件，选项框中将出现选取的零部件的名称。鼠标右键单击该名称可以删除零部件，或将鼠标放在该名称上，按键盘的〈Delete〉键直接删除。

（3）【可跳过的实例】 单击【可跳过的实例】选项框，图形区中鼠标呈现手指状，然后单击阵列的零部件上的红点【可跳过的实例】选项框中显示该零部件的中心坐标值，该零部件将跳过，实现选择性阵列。

8.3.2 圆周阵列

圆周零部件的阵列可在装配体中生成零部件的圆周阵列，阵列对象为零部件实体而非特征。单击【插入】|【零部件阵列】|【圆周阵列】命令，出现【圆周】阵列属性管理器，如图 8-7 所示。其设置如下：

（1）【参数】 参数设置包括【阵列轴】、【角度】、【实例数】以及是否【等间距】。

图 8-6 【线性阵列】属性管理器

图 8-7 【圆周阵列】属性管理器

（2）【要阵列的零部件】 单击【要阵列的零部件】选项框，在图形区选择要阵列的零部件，选项框中将出现选取的零部件的名称。

（3）【可跳过的实例】 单击【可跳过的实例】选项框，在图形区中单击阵列的零部件的中心红点，【可跳过的实例】选项框中显示该零部件的中心坐标值，该零部件将被跳过。

单击【圆周阵列】属性管理器中的【√】按钮，完成设置。

8.3.3 特征驱动

在线性阵列和圆周阵列命令使用时，不要求被装配基准是由阵列特征命令生成的。在图 8-8 所示的联轴器装配体中，如果右侧凸联轴器上的六个孔是由阵列特征命令生成的，则可以选择特征驱动命令来进行其余五个螺栓、螺母装配。

具体步骤如下：

（1）打开图 8-8a 所示的装配体文件。一组螺栓连接已完成，此时必须保证零件凸联轴器上的六个孔是使用阵列特征命令建立的。

（2）单击【插入】|【零件阵列】|【特征驱动】命令，出现如图 8-8b 所示的【特征驱动】属性管理器。首先在图形区中选定需要阵列的零件，此处选取螺栓、螺母，然后选择驱动特征，单击六个孔中的任意一个孔，单击确认。其他五个螺栓连接按照孔阵列的位置自动装配，结果如图 8-8c 所示。

8.3.4 零部件镜像

在装配体中，如果在对称的位置装配有两个相同或者近似相同的零件，可以采用镜像零部件的方法来添加零件。镜像零部件的步骤如下：

1）分析装配体，如在泵体左侧管接处装有一个堵头，现需要在右侧管接处装配另一个堵头。两堵头关于泵体的中心对称面对称分布。

2）建立基准面作为镜像零件的镜像基准面，单击【插入】|【参考几何体】|【基准面】命令，建立一个通过泵体中心的基准面。

3）单击【插入】|【镜像零部件】命令，出现【镜像零部件】对话框。

4）选择第 2）步建立的基准面作为镜像基准面，选择左侧安装的堵头作为要镜像的零部件。

5）单击【√】按钮结束镜像零件，则右侧管接处装配好另一个堵头。

镜像得到的新零件可作为一个独立的零件保存、编辑，并可指定保存路径和保存零件名。

a) 打开的装配体

b)【特征驱动】属性管理器

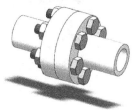
c) 装配后结果

图 8-8 特征驱动装配示例

【图 8-8 操作视频】

8.4 爆炸视图

为了了解装配体各零件间的关系，经常需要将装配体中的零件分离进行观察。零件之间互相分离的装配体称为装配体的爆炸视图。它只是装配体的显示方法，关闭后可回到普通视图。

8.4.1　生成爆炸视图

爆炸视图可以根据用户需要设定零件之间的相互位置，生成爆炸视图的步骤如下：

1）打开需要生成爆炸视图的装配体文件。单击【插入】|【爆炸视图】命令，弹出【爆炸】属性管理器，如图8-9所示。

2）爆炸图可以按默认设置自动生成，也可以自定义设置。在图形区域中移动鼠标，选择六个螺栓实体，此时，在实体的上端出现一个操纵杆控标。单击操纵杆控标的X轴（红色）使其处于选择状态，然后设置爆炸距离为50mm。单击【应用】按钮，得到如图8-10所示的螺栓的位置。同时，在【爆炸步骤】列表框中显示【爆炸步骤1】。如果需要编辑修改，可以用鼠标右键单击【爆炸步骤1】，在快捷菜单中单击【编辑步骤】命令。

3）单击【完成】按钮，结束爆炸步骤1的设定。接下来在图形区域中继续选择凸联轴器零件，单击操纵杆控标的X轴（红色）使其处于选择状态，然后设置适当的爆炸距离。单击【应用】按钮，得到如图8-10所示的凸联轴器的位置。

图8-9　【爆炸】属性管理器

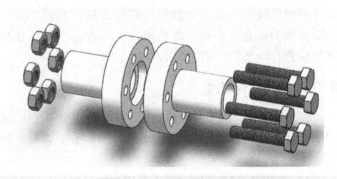

图8-10　爆炸装配体示例

4）单击【完成】按钮结束爆炸步骤2的设定，继续在图形区域中选择螺母零件，单击纵杆控标的X轴（红色）使其处于选择状态，然后设置适当的爆炸距离，单击【应用】按钮，再次单击【完成】按钮结束爆炸步骤3的设定。单击【确定】按钮完成装配体的爆炸操作，得到如图8-10所示的结果。

每个步骤只能指定一个方向和距离，因此对于不同要求的零件，需设定多个步骤。

8.4.2　编辑爆炸视图

如需编辑爆炸视图，可选择第二个【配置】按钮（见图8-11），在【配置】列表下，右击【默认配置】，在弹出的菜单中选择【新爆炸视图】。通过新建爆炸视图完成编辑修改。

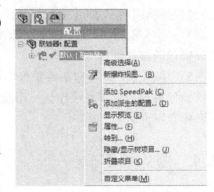

图8-11　编辑爆炸视图的配置

8.5 装配体中零部件的生成与修改

机械产品设计中常常会用到结构、尺寸不同的零件。其中有些零件属于非标准件，需要根据产品的功能要求进行单独的设计；有些零件属于标准件，其结构、尺寸都已标准化，如螺纹连接件、轴承、键等。在 SolidWorks 的装配文件中可以生成标准或非标准零件，并对其进行修改。

8.5.1 生成非标准件

在装配文件中生成非标准件的具体步骤如下：

1）新建一个装配文件或者打开一个装配文件。

2）单击【插入】|【零部件】|【新零件】命令，弹出一个【另存为】对话框，即可为新零件文件命名并保存。

3）此时在装配树中，新建零件文件处于编辑状态，与直接在零件文件造型一样，此时可使用特征命令进行造型，可以选择其他已存在零件的点、线、面，利用装配件之间的相关性进行造型，保存。

4）鼠标右键单击装配树最上端的【装配体】，在弹出的菜单中选择【编辑装配体】。此时系统从零件编辑状态切换到装配体编辑状态。

5）装配体编辑状态下，若要更改零件名称，可在装配树中选中需改名的零件，单击鼠标右键，在弹出的快捷菜单中选择【零部件属性】，打开【零部件属性】对话框，在【零部件名称】文本框可修改零部件名称，然后选【确定】即可。

6）同步骤（2），继续在装配文件中建立新零件。

采用这样的设计方法，可以直接保证装配零件之间的尺寸、形状、位置的相关性。

8.5.2 生成标准件

对于标准件，通常考虑从 SolidWorks 的设计库中调用。下面以轴承为例，介绍在装配文件中生成标准零件的具体步骤如下：

1）打开一个装配文件。

2）从 SolidWorks 的设计库中调用轴承，单击【设计库】按钮，在【设计库】对话框中（见图 8-12），单击【Toolbox】|【Gb】|【bearing】分支，选择【滚动轴承】|【调心球轴承】，将其直接拖入图形区，此时系统弹出【配置零部件】对话框，将尺寸系列设为 02，大小设为 1206，单击【确定】即得轴承零件。此时装配模型树显示有该轴承，之后生成装配工程图时，明细栏会自动将国标代号、型号、规格等列入。

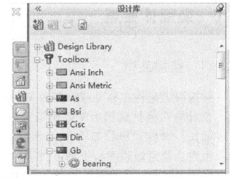

图 8-12 【设计库】对话框

如果希望单独保存轴承零件，在上面选择【滚动轴承】|【调心球轴承】时，单击鼠标右键，选择【生成零件】，配置好轴承参数后，将其另存为"轴承 . sldprt"文件。

3）单击【插入】|【配合】命令，在弹出的【配合】对话框中为其添加需要的配合关

系，即完成轴承的装配。

8.5.3　修改零部件尺寸

　　修改零部件尺寸需要对其进行编辑，如图 8-13 所示，在装配树中，鼠标右键单击需修改的零件，系统弹出菜单，选中【编辑】图标，系统进入零件编辑状态，此时可单击装配树上此零件前的"+"，展开装配树（见图 8-14 中的【联轴器凸】零件），了解零件的组成，并按需要对零件各部分的尺寸进行修改，其操作与之前的单个零件编辑相同。

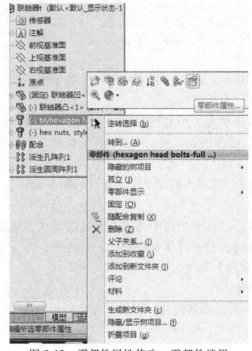

图 8-13　零部件属性修改、零部件编辑

图 8-14　展开模型树示例

8.6　装配体检查

8.6.1　碰撞测试

　　碰撞测试是指在移动或旋转零部件时检查其与其他零部件之间的冲突。

　　在【装配体】选项卡中，单击【移动零部件】或【旋转零部件】按钮，系统弹出【移动零部件】属性管理器如图 8-15 所示，单击【碰撞检查】单选按钮，然后在【检查范围】选项组内选择需做碰撞检查的零件。

　　在图 8-15 中，【物理动力学】是碰撞检查中的一个选项，允许人们以逼真的方式查看装配体零部件的移动。启用【物理动力学】后，当拖动一个零部件时，此零部件就会向其接触的零部件施加一个力，如果零部件可自由移动，将移动这些零部件。

8.6.2　干涉检查

　　在装配环境下可以检查装配体中各零件之间是否存在干涉。系统默认零部件之间，出现相互重叠的情况，即视为干涉。在某些情况下，重合的实体（如接触或者重叠的面、边线或者顶点）也被视为干涉。用户可以自己指定干涉情况是否包括重合实体。

干涉检查识别零部件之间的干涉，并可检查和评估这些干涉。干涉检查对复杂的装配体非常有用。借助干涉检查，可以确定零部件之间是否有干涉；还可将干涉的真实体积上色显示；或选择要忽略的干涉，如压入配合、螺纹扣件干涉等。

单击【工具】|【干涉检查】命令，系统弹出【干涉检查】对话框，如图 8-16 所示，干涉检查可以针对整个装配体，也可以针对指定的数个零件，在【所选零部件】列表框中修改即可；选择完毕后，单击【计算】按钮，检查结果显示在【结果】列表框中。若在【选项】选项组内，勾选【视重合为干涉】复选框，则重合的实体被视为干涉。

图 8-15　碰撞检查

图 8-16　【干涉检查】属性管理器

8.7　综合实例——传动轴系及减速器的装配

为了保证机器的正确运转，机器中一般都包含有传动轴系。机械传动的种类很多，不管是齿轮传动、带轮传动还是链传动，机器中传动轴系的装配都应作为一个部件来处理，即先完成轴上零件的装配，生成子装配体，再实现传动轴系与底座或箱体等定位支承零件的装配约束，采用分层装配的形式，可提高效率也便于管理。

下面以一级圆柱齿轮减速器中从动轴系的装配为例说明其装配过程：

1. 减速器装配的零件准备及装配干线说明

先创建一个【减速器装配】子目录，将先前创建的减速器中的所有零件文件（＊.sldprt）放到此子目录下。此减速器有以主动轴和从动轴为基础的两条装配干线。从动轴系的装配顺序为：低速轴—键—大齿轮—前轴承—后轴承—机座—前轴承端盖—后轴承端盖—轴端挡圈。主动轴系的装配顺序为：齿轮轴—前挡油环—前轴承—后挡油环—后轴承—机座—前轴承端盖—后轴承端盖—密封盖。

2．从动轴系轴上零件的装配

（1）新建文件　新建装配文件，命名为"从动轴系.sldasm"．

（2）固定件装配——低速轴　单击【插入】|【零部件】|【现有的零部件】命令，在弹出的对话框中，单击【浏览文件】按钮，在【减速器装配】子目录下，找到需添加的第一个零件——低速轴零件文件，拖到图形区，单击【√】按钮，装配体中的第一个零件，默认为"固定"。

（3）键的装配　键为标准件，参照 8.5.2 节所讲内容，从设计库中调用键零件，拖到图形区，放置在轴附近。单击【插入】|【配合】命令，在弹出的【配合】对话框中添加三个配合关系：键底面 A' 和键槽底面 A "重合"；键的半圆柱 B' 与键槽的半圆孔 B "同轴心"；键的侧平面 C' 和键槽的侧平面 C "重合"，如图 8-17a 所示。

（4）大齿轮的装配　单击【插入】|【零部件】|【现有的零部件】命令，找到大齿轮零件文件，拖到图形区，放置在轴附近。单击【插入】|【配合】命令，在弹出的【配合】对话框中添加三个配合关系：齿轮的键槽孔圆柱面 B' 与低速轴的外圆柱面 B "同轴心"；齿轮键槽的侧平面 C' 与键的侧平面 C "重合"；齿轮端面 A' 与轴肩端面 A "重合"，如图 8-17b 所示。

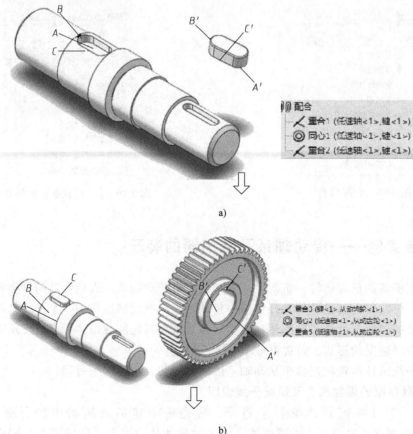

a)

b)

图 8-17　低速轴上键、齿轮、轴承的装配

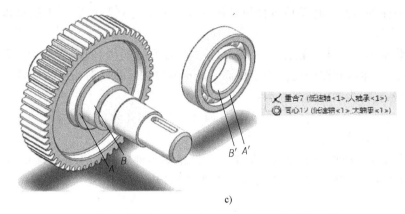

c)

图 8-17 低速轴上键、齿轮、轴承的装配（续）

（5）轴承的装配 轴承为标准件，参照 8.5.2 所讲内容，从设计库中调用轴承零件，拖到图形区，放置在轴附近。单击【插入】|【配合】命令，在弹出的【配合】对话框中添加两个配合关系：轴承的内圆柱面 B' 与低速轴的外圆柱面 B "同轴心"；轴承的端面 A' 与低速轴轴肩端面 A "重合"（见图 8-17c）。轴承装好后结果如图 8-18a 所示。

（6）轴套的装配 如图 8-18a 所示，将从动轴掉转，安装齿轮另一侧的轴套，先将轴套拖到图形区。因轴向依靠端面彼此顶紧定位，且轴套相对于轴的旋转自由度可不约束，所以采用添加轴套端面与齿轮端面 "重合" 配合；轴套内圆柱孔面和轴的外圆柱面为 "同轴心" 配合关系，来定位轴套零件。

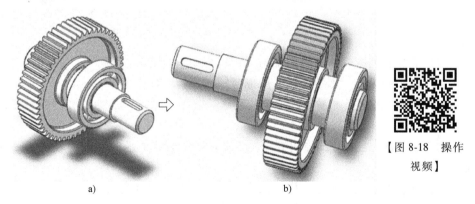

a)　　　　　　　　　　　　　　b)

【图 8-18 操作视频】

图 8-18 从动轴系轴上零件的装配

（7）右侧轴承的装配 右侧轴承的装配与（5）类似。将轴承拖到图形区，在【配合】对话框中指定轴承内圆柱孔面和轴的外圆柱面 "同轴心"；轴承左端面和轴套右端面 "重合"，装好后结果如图 8-18b 所示，得从动轴系子装配体，并保存为 "从动轴系.sldasm" 文件。

3. 主动轴系轴上零件的装配

主动轴系轴上零件的装配与从动轴系轴上零件的装配类同，不再赘述。同理可得 "主动轴系.sldasm" 子装配体文件。

4. 传动轴系与定位支承零件的装配

1）新建装配体文件，打开该文件。

机械产品测绘与三维设计

2）减速器箱体的装配。将箱体零件拖到图形区，单击【√】确定，于是箱体零件作为该装配体的固定零件。

3）装配子装配体——从动轴系。向装配体中添加子装配体和添加零件的操作是一样的。将从动轴系装配体拖到图形区。为了提高装配准确度，可以将其中的齿轮零件设为压缩状态。为从动轴系装配体添加的配合为：

① 在图形区选择从动轴系中轴承的外圆柱面 A，选择箱体零件上的轴承孔内圆柱面 A'，使两者成"同轴心"配合关系。

② 在图形区选择从动轴系中轴承端面 B，选择箱体零件上的轴承孔内端面 B'，使两者成"重合"配合关系，如图 8-19a。装配后结果如图 8-19b 所示。

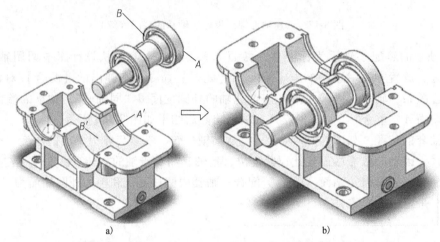

图 8-19 从动轴系子装配体的装配

4）装配子装配体——主动轴系。其装配操作与（3）类同。

5）端盖的装配 将端盖拖入图形区，添加两个配合关系：

① 在图形区选择端盖的台阶定位面 A，选择箱体零件的轴承孔内的环形端面 A'，使两者"重合"。

② 选择端盖上的外圆柱面 B，选择箱体零件上装轴承的半圆柱孔面 B'，使两者"同轴心"，如图 8-20a 所示。

6）透盖的装配。将透盖拖入图形区，添加两个配合关系：

① 在图形区选择透盖的台阶定位面 C，选择箱体零件的轴承孔内的环形端面 C'，使两者"重合"。

② 选择透盖上的外圆柱面 D，选择箱体零件上装轴承的半圆柱孔面 D'，使两者"同轴心"，如图 8-20a 所示。

7）调整环的装配。调整环的安装个数由轴承左端面与端盖间的间距来确定，轴向定位依靠端面"重合"配合使彼此顶紧，径向使调整环的外圆柱面与箱体的半圆柱孔面"同轴心"即可。

端盖、透盖、调整环装配好后，结果如图 8-20b 所示。

8）装配主动轴系两侧的端盖、透盖。装配方法与 5）、6）相同，不再赘述。

9）减速器箱盖的装配。因添加箱盖的配合关系只与箱体相关，因此为了便于装配，将

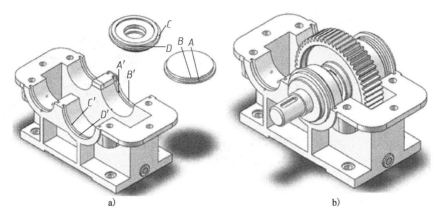

图 8-20　从动输出干线上零件的装配

除箱体以外的所有零件均设置为压缩状态。将箱盖拖到图形区，并设置其与箱体的配合关系为：箱体的顶面 A 与箱盖的底面 A' 为"重合"配合；箱体的轴承孔前端面 B 与箱盖的轴承孔前端面 B' 为"重合"配合；箱体的左端面 C 与箱盖的左端面 C' 为"重合"配合，如图 8-21 所示。

　　箱体与箱盖采用四组长螺栓、两组短螺栓连接。因螺栓、螺母为标准件，参照 8.5.2 节所讲内容，从 SolidWorks 的设计库中找到螺栓、螺母零件，将其拖入图形区，再设置其参数。先装配好一组长螺栓和螺母连接，选择的配合关系是端面"重合"、圆柱面"同轴心"。然后采用阵列的方法装配其他长螺栓连接。再装配两端的短螺栓和螺母。

【图 8-22　操作视频】

　　为提高定位精度，箱体与箱盖间用两个圆锥销定位。装好螺栓、圆锥销和其他组成零件后，结果如图 8-22 所示。

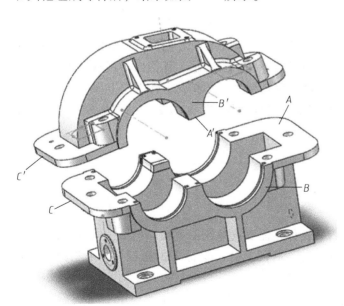

图 8-21　箱盖的装配

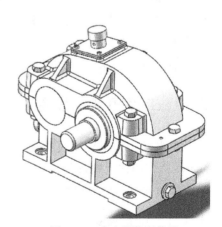

图 8-22　减速器装配结果

第 **9** 章

工程图设计

工程图是用来表达三维结构的二维图样，主要有零件图和装配图两大类。零件图通常包含以下内容：①一组视图；②完整的尺寸；③技术要求；④标题栏。装配图通常包含以下内容：①一组视图；②必要的尺寸；③技术要求；④零件序号、明细栏、标题栏等。

工程图是产品设计的重要技术文件，一方面体现了设计成果，另一方面也是指导检验生产产品的依据。在产品的生产制造过程中，工程图是设计人员进行交流和提高工作效率的重要工具，它是工程界的技术语言。

在工程图设计中，可以利用 SolidWorks 设计的三维实体零件和装配体直接生成所需的视图，也可以基于现有的视图生成新的视图。SolidWorks 生成的工程图与零部件或者装配体三维模型之间具有全相关性，即对零部件或者装配体三维模型进行修改时，所有相关的工程视图将自动更新，以反映零部件或者装配体的形状和尺寸变化；反之，当在一个工程图中修改零部件或者装配体尺寸时，系统也自动将相关的其他工程视图及三维零部件或者装配体中相应结构尺寸进行更新修改。

SolidWorks 的工程图主要由三部分组成：

1）视图：它包括基本视图（主视图、俯视图、左视图、右视图、仰视图）、轴测图和各种派生视图（剖视图、局部放大图、折断视图等），在绘制工程图时，根据零件的特点，选择不同的视图组合，以便简洁合理地将设计参数和生产要求表达清楚。

2）尺寸、公差、表面粗糙度及注释文本：它包括尺寸、尺寸公差、几何公差、表面结构要求以及注释文本。

3）图框、标题栏等。

9.1 工程图基本设置

单击【工程图】模块新建一个工程图文件，需要选择绘图模板，这个模板可以在 Solid-Works 提供的模板中选择，也可以选择自己绘制的符合国家标准的模板。进入工程图环境后，还需要进行一些设置。

9.1.1 设置图纸属性

生成一个新的工程图时，必须设置图纸属性，包括图纸名称、绘图比例、投影类型、图纸格式、图纸大小等。图纸属性设置后，在绘制工程图的过程中，可随时对图纸大小、图纸格式、绘图比例、投影类型等属性进行修改。

图纸的属性设置如图 9-1 所示。在特征管理器设计树中，鼠标右键单击【图纸】，或者在工程图纸的空白区域单击鼠标右键，在弹出的快捷菜单中选择【属性】，弹出【图纸属性】对话框。

【图纸属性】对话框中各选项说明如下：

1)【投影类型】：视图投影可选择【第一视角】和【第三视角】，国家标准采用第一视角投影。

2)【下一视图标号】：指定用作下一个剖视图或者局部视图的英文字母。

3)【下一基准标号】：指定用作下一个基准特征标号的英文字母。

4)【使用模型中此处显示的自定义属性值】：如果在图纸上显示了一个以上的模型，且工程图中包含链接到模型自定义属性的注释，则选择希望使用的属性所在的模型视图；如果没有另外指定，则将使用图纸第一个视图中的模型属性。

5)【图纸格式/大小】：SolidWorks 提供了各种标准图纸大小的图纸格式。可在【标准图纸大小】列表框中进行选择。单击【浏览】按钮，可加载自定义的图纸格式。

6)【显示图纸格式】：勾选此复选框则显示边框、标题栏等。

7)【自定义图纸大小】：单击【自定义图纸大小】单选按钮，可定义无图纸格式，即选择无边框、标题栏的空白图纸。此选项要求指定纸张大小，也可自定义图纸格式。

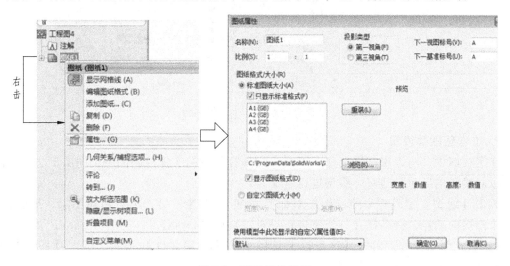

图 9-1　图纸属性设置

9.1.2　设置工程图线型和图层

利用【线型】工具栏可以进行线型、图层的设置。

【线型】工具栏可以从下拉菜单【工具】|【自定义】|【工具栏】中勾选。【线型】工具栏按钮及功能说明如图 9-2 所示。

【线型】工具栏包括以下工具：【更改图层】、【图层属性】、【线色】、【线宽】、【线条样式】、【隐藏和显示边线】、【颜色显示模式】。

1. 工程图线型设置

利用【线型】工具栏，可以对视图中线的线色、线宽、线型、显示模式、图层等进行设置或修改。

1）设置【线型】：在绘制草图实体之前，可以单击【线型】工具栏中的【线色】、【线宽】、【线条样式】按钮进行设置，随后绘制的草图实体均使用指定的线型格式，直到重新设置另一种格式为止。

2）修改【线型】：对于已经绘制的实体，也可以利用【线型】工具栏对其线色、线宽、线型、显示模式、图层等进行修改。首先选择要修改的实体，再单击相应的【线型】按钮，在弹出的对话框中进行选择，即完成对所选实体的相应修改。

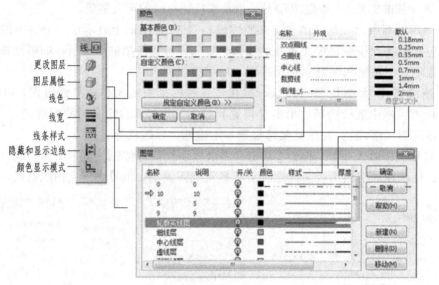

图 9-2 【线型】工具栏说明

2. 工程图图层设置

在工程图中，可以根据需要建立图层，将具有共性的实体放到同一个图层上。每个图层都可以对线条的颜色、线宽、线型进行定义。

单击【线型】工具栏中的【图层属性】按钮（见图9-2），可以新建图层、删除图层，对每个图层的颜色、线条样式、线宽进行设置。具体操作如下：

1）进入图层操作。单击【线型】工具栏中的【图层属性】按钮，进入【图层】对话框（见图9-2下方的【图层】对话框）。

2）进行图层操作。

① 在【图层】对话框中，单击【新建】按钮，可新建一个图层。

② 在【图层】对话框中，选择一个图层，单击【删除】，可删除选中的图层。

③ 在【图层】对话框中，单击一个图层的【名称】、【颜色】、【样式】、【厚度】，可对该图层进行相应的设置。其设置选项与直接在【线型】工具栏中单击【线色】、【线条样式】、【线宽】的设置选项相同。

3. 工程图图层更改

单击【线型】工具栏中的【更改图层】按钮（见图9-3），可以设置当前层，新的实体会自动添加到激活的当前层中。还可以将已绘制的实体更改图层，使其具有该图层的属性。

1) 设置或更改当前层：单击【线型】工具栏中的【更改图层】按钮，弹出【更改文档图层】对话框，可以在图层清单上进行选择，更改当前层，随后绘制的实体均具有该当前层的属性，包括颜色、线条样式、线宽。

2) 更改所选实体的图层：选择实体（线条、尺寸、注释等），单击【线型】工具栏中的【更改图层】按钮，弹出【更改所选的图层】对话框，在图层清单上进行选择，将所选择的实体更改为所选图层。

4. 图层信息的输入与输出

如果将 ∗.DXF 或者 ∗.DWG 文件输入到 SolidWorks 工程图中，会自动生成图层。在最初生成的 ∗.DXF 或者 ∗.DWG 文件系统中指定的图层信息（如名称、属性和实体位置等）将保留。

如果将带有图层的工程图作为 ∗.DXF或者 ∗.DWG 文件输出，则图层的信息包含在文件中。当在目标系统中打开文件时，实体都位于相同图层上，并具有相同的属性。

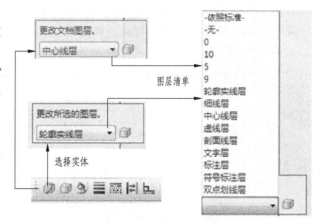

图 9-3　更改图层

9.2　工程图视图设计

创建了零部件或装配体的三维模型后，在 SolidWorks 工程图环境中，可以根据需要生成各类表达视图。在生成视图前，应综合规划视图，符合国家标准，得到合理的视图表达方案。

新建一个工程图文件后，首先设置图纸属性格式，接着就可进行工程图设计了。

生成视图的方式有如下几种：

方式 1：从【视图布局】工具栏中选择，如图 9-4 所示。

方式 2：从下拉菜单选择。单击【插入】|【工程图视图】命令，弹出【工程图视图】菜单，根据需要，选择相应的命令生成工程视图，如图 9-5 所示。

方式 3：从【工程图】工具栏中选择。【工程图】工具栏可以从下拉菜单【工具】|【自定义】|【工具栏】中勾选。【工程图】工具栏按钮说明如图 9-6 所示。

三种方式均包含以下几种视图生成工具或命令：【标准三视图】、【模型视图】或【模型】、【投影视图】、【辅助视图】、【剖面视图】、【局部视图】、【断开剖视图】、【断裂视图】、【剪裁视图】、【交替位置视图】。

采用这些视图生成工具，可直接生成绝大部分国家标准规定的表达视图。主要对应关系有：

采用【标准三视图】命令，可生成主视图、俯视图、左视图标准三视图（第一角投影），或者前视图、顶视图、右视图标准三视图（第三角投影）。

采用【模型视图】命令，可生成主视图。

采用【投影视图】命令，可生成基本视图（左视图、右视图、俯视图、仰视图）、轴测图、向视图（加注投射方向名称、解除对齐父子关系）。

采用【辅助视图】命令，可生成斜视图。

采用【剖面视图】命令，可生成全剖视图、半剖视图、阶梯剖视图、旋转剖视图、斜剖视图。

采用【局部视图】命令，可生成局部放大图。

采用【断开剖视图】命令，可生成局部剖视图。

采用【断裂视图】命令，可表达折断画法。

采用【剪裁视图】命令，可生成局部视图。

图 9-4 给出了用 SolidWorks 工具栏视图命令可生成的国家标准定义的视图。

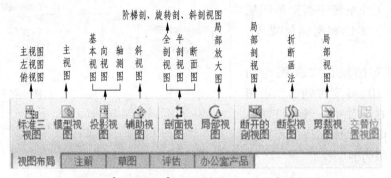

图 9-4 【视图布局】工具栏及可生成的各类视图

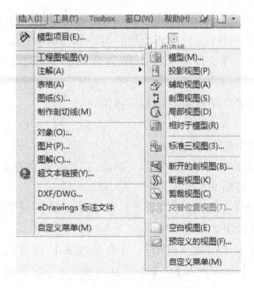

图 9-5 【工程图视图】菜单

图 9-6 【工程图】工具栏

9.2.1 基本视图

国家标准定义的基本视图是零件或装配体向 6 个基本投影面投射得到的视图。基本视图包括主视图、俯视图、左视图、右视图、仰视图、后视图。

在 SolidWorks 工程图中，主视图利用【模型视图】命令生成；俯视图、左视图、右视图、仰视图利用【投影视图】生成。

向视图为自由配置的基本视图。在 SolidWorks 工程图中，将投影视图解除父子关系，给出投射方向的名称，可得到向视图。

1. 创建主视图

采用【模型视图】命令可以生成主视图。具体操作及选项说明如下：

1）选择要创建工程图的模型。单击【模型视图】，弹出【模型视图】属性管理器，如图 9-7 所示。【打开文档】列表框中显示的是已打开的零件或装配体文件，如果要设计工程图的零件或装配体在该列表框中，双击该文件；如果不在列表框中，单击【浏览】按钮，在【打开】对话框中查找。

2）定义视图参数。选择了零件或装配体后，【模型视图】对话框展开，在对话框中可以定义视图参数。【方向】选项组可以选择主视图的投射方向；【比例】选项组可以定义主视图的比例，一般选择【使用图纸比例】；【显示样式】选项组可以选择主视图的显示形式，包括【线架图】、【隐藏线可见】、【消除隐藏线】、【带边线上色】、【上色】。

3）放置主视图。在图纸区域合适的位置单击，放置主视图。

2. 创建投影视图

生成主视图之后，移动光标到不同位置可得到相应位置的投影视图，或者单击【投影视图】也可以生成除主视图之外的其他基本投影视图。具体操作及选项说明如下：

1）单击【投影视图】，弹出【投影视图】属性管理器，如图 9-8 所示。在【投影视图】属性管理器中，可以设置本视图的投射方向名称、选择显示样式、选择绘图比例。

2）在【投射视图】属性管理器中设置完成后，在父视图（主视图）周围相应位置单击，生成相应的投影视图（俯视图、左视图、右视图、仰视图、轴测图）。

图 9-7　【模型视图】属性管理器

图 9-8　【投影视图】属性管理器

9.2.2 视图的基本操作

在创建完主视图和投影视图后，可以对视图进行一些操作，重新布局视图。可以移动视图，调整视图之间的间距；可以解除视图之间的父子关系，任意移动视图位置；可以旋转缩放视图。

1. 移动视图和锁定视图

将鼠标指针停放在视图的虚线框上，光标改变，按住鼠标左键，并移动至合适的位置，该视图将移到选定的位置。

视图的位置放置好了以后，可以鼠标右键单击该视图，在弹出的快捷菜单中单击【锁住视图位置】命令，视图将不能移动。再次鼠标右键单击该视图，单击【解除锁住视图位置】命令，该视图又可被移动，如图 9-9 所示。

2. 对齐视图

根据"高平齐、长对正"的原则（即左、右视图与主视图水平对齐，俯视图、仰视图与主视图竖直对齐），移动投影视图时，只能横向或纵向移动。选择视图单击鼠标右键，在弹出的快捷菜单中单击【视图对齐】|【解除对齐关系】命令，可以解除与主视图的父子关系，可移动该视图至任意位置。单击鼠标右键，在弹出的快捷菜单中单击【视图对齐】|【中心水平对齐】，被移动的视图又会自动与主视图横向对齐。单击鼠标右键，在弹出的快捷菜单中单击

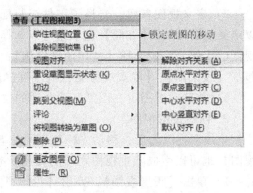

图 9-9 锁定视图、解除对齐关系

【视图对齐】|【中心竖直对齐】，被移动的视图又会自动与主视图纵向对齐，如图 9-9 所示。

3. 旋转视图

右击要旋转的视图，在弹出的快捷菜单中单击【缩放/平移/旋转】|【旋转视图】命令，在弹出的【旋转工程视图】对话框中，输入旋转角度，单击【应用】按钮，即可旋转视图。

4. 删除视图

用鼠标右键单击要删除的视图，在弹出的快捷菜单中单击【删除】命令，或直接按 <Delete> 键，确认删除。

9.2.3 局部视图

国家标准定义零件或装配体的某一部分向基本投影面投射所得到的视图称为局部视图。

在 SolidWorks 工程图中，局部视图可以利用【剪裁视图】工具生成。剪裁视图是由各类视图经剪裁生成的。

如图 9-10 所示支架，局部视图 C 由左视图剪裁得到。在生成局部视图之前，要先生成一个投影视图，用作剪裁的视图，并在该视图上绘制一个封闭的剪裁轮廓，轮廓内的部分为需要的局部视图。

生成支架局部视图 C 的操作方法如下：

1）生成一个需要制作局部视图的基本视图（也可以是剖视图）。

2）单击【草图】|【样条曲线】命令绘制一条封闭的裁剪轮廓，包含要保留的部分。

3）选择封闭的轮廓（默认已选择则不需要这一步），单击【剪裁视图】，则剪裁轮廓以外的视图消失，生成局部视图。

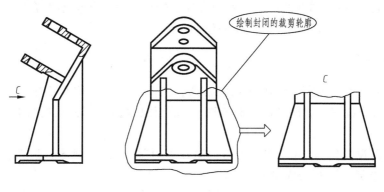

绘制封闭的裁剪轮廓

图 9-10 局部视图

9.2.4 斜视图

国家标准定义，机件向不平行于基本投影面的平面投射（正投影）所得的视图称为斜视图。斜视图往往是取倾斜的部分，表达倾斜部分的真形特征。

在 SolidWorks 工程图中，斜视图可以利用【辅助视图】工具生成，若只取局部，则利用【剪裁视图】裁剪。

如图 9-11 所示支架，B 斜视图由 B 向正投影得到，投影参考边在主视图中选择，主视图为父视图。

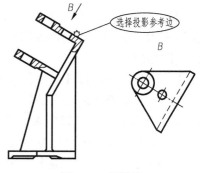

选择投影参考边

图 9-11 斜视图

生成 B 斜视图的操作方法如下：

1）生成一个可以给出斜视图投影参考边的父视图（可以是投影视图，也可以是剖视图）。

2）单击【辅助视图】，弹出【辅助视图】属性管理器，在父视图上单击参考视图的边线（参考边线不可以是水平或垂直的边线，否则，生成的就是基本视图），移动光标到视图适当位置，单击放置。

3）单击【草图】|【样条曲线】命令绘制一条封闭的轮廓，包含要保留的部分。

4）选择封闭的轮廓（默认已选择则不需要这一步），单击【剪裁视图】，则剪裁轮廓以外的视图消失。生成需要的斜视图。

采用【辅助视图】工具生成视图后，还需要进行一些后期处理，才能得到符合国家标准定义的斜视图。以图 9-11 所示支架为例，说明后期处理的技术和技巧：

1）斜视图往往只需要倾斜的局部，生成的斜视图要进行合理的裁剪取舍。采用【剪裁视图】工具裁剪不需要的部分。图 9-11 中的支架倾斜部分本身形成了封闭图形，因此不需要做【剪裁视图】操作。

2）斜视图的位置需要合理布局。单击【视图对齐】|【解除对齐关系】命令解除斜视图与父视图（主视图）的对齐父子关系，可以任意调整斜视图位置。

3）斜视图可以通过旋转操作摆正。

4）单击【线型】|【隐藏显示边线】命令将多余的线进行隐藏。

5）斜视图按投射方向摆放时，有些中心线、轴线、对称线会不符合国家标准。将不规范的中心线删除，利用【草图】工具重新绘制。

9.2.5 全剖视图

在 SolidWorks 工程图中，利用【剖面视图】工具，可以生成全剖视图、半剖视图、阶梯剖视图、旋转剖视图、斜剖视图、断面图。【剖面视图】需要在父视图上定义剖切面，属于派生视图。

单击【剖面视图】，弹出【剖面视图】属性管理器。【剖面视图】属性管理器包含【剖面视图】和【半剖面】两个选项卡。

其中，【剖面视图】选项卡生成全剖视图，包括单一剖切面的全剖视图、多个平行剖切面的阶梯剖视图、相交剖切面的旋转剖视图、垂直剖切面的斜剖视图。通过属性设置还可以生成断面图。【半剖面】选项卡生成半剖视图。

在【剖面视图】选项卡中，通过在【切割线】选项组选择切割线类型，可以生成斜剖视图、阶梯剖视图、旋转剖视图等。【切割线】类型有四种：【竖直】、【水平】、【辅助视图】、【对齐】。

1）单击【竖直】、【水平】切割线，可以生成单一剖切面全剖视图。

2）单击【竖直】、【水平】切割线，取消勾选【自动启动剖面实体】，结合【剖切线转折方式】快捷菜单，可以生成阶梯剖视图。

3）单击【辅助视图】切割线，可以生成斜剖视图。

4）单击【对齐】切割线，可以生成旋转剖视图。

切割线类型与生成的剖视图对应关系如图 9-12 所示。

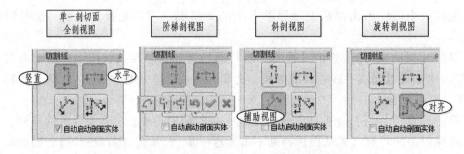

图 9-12　切割线类型与生成的剖视图对应关系

1. 全剖视图的操作方法及属性设置

如图 9-13 所示支架，俯视图做全剖视处理，剖切面 A 为水平面，投射方向从上往下，剖视图的名称 $A—A$。剖切面投射线即【切割线】在主视图中选取，主视图为父视图。

生成支架 *A—A* 全剖视图的操作方法如下：

1）单击【剖面视图】命令，弹出【剖面视图】属性管理器，在【剖面视图】属性管理器中【切割线】选项组选择切割线形式，选择【水平】切割线。

2）在放置切割线的父视图中（主视图），单击放置切割线的位置。弹出【剖面视图 *A—A*】属性管理器。

3）在适当位置单击，放置剖视图。

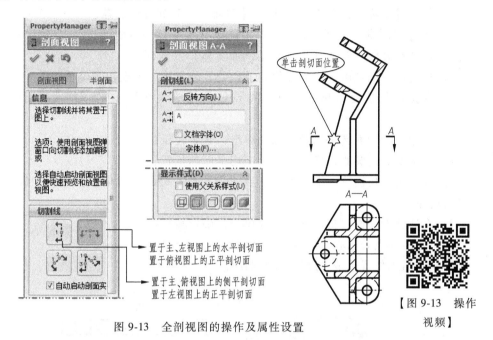

图 9-13　全剖视图的操作及属性设置

【图 9-13　操作视频】

①【剖面视图】属性管理器的选项说明如下：

如果剖视图的切平面为水平面，以主视图、左视图或右视图为父视图放置切割线，则在【切割线】选项组选择【水平】切割线。一般情况下，俯视图或仰视图做剖视处理，应选择主视图作为放置切割线的父视图，得到的下（上）向剖视图符合国家标准。

如果剖视图的切平面为侧平面，以主视图、俯视图或仰视图为父视图放置切割线，则在【切割线】选项组选择【竖直】切割线。一般情况下，左视图或右视图做剖视处理，应选择主视图作为放置切割线的父视图，得到的左（右）向剖视图符合国家标准。

如果剖视图的切平面为正平面，以俯视图或仰视图为父视图放置切割线，则在【切割线】选项组选择【水平】切割线；如果剖视图的切平面为正平面，以左视图或右视图为父视图放置切割线，则在【切割线】选项组选择【竖直】切割线。

②【剖面视图 *A—A*】属性管理器的选项说明如下：

在【剖面视图 *A—A*】属性管理器中，可进行投射方向选择、剖视图名称设置、名称字体设置、剖切面属性设置等。

在图 9-13 所示的【剖面视图 *A—A*】属性管理器中，单击【反转方向】按钮，可得到从上往下投射（俯视）的剖视图或从下往上投射（仰视）的剖视图。在【标号】文本框中输入 "*A*"，则剖视图的名称设置为 *A—A*。在【显示样式】选项组中选择【隐藏线可见】。

2. 阶梯剖视图

阶梯剖视图是由几个和基本投影面平行的剖切面进行剖切得到的剖视图。

采用【剖面视图】工具可以生成阶梯剖视图。

图 9-14 中的底板 A—A 剖视图为阶梯剖视图，采用了三个正平剖切面做阶梯剖，剖切面位置在俯视图中选取，父视图为俯视图。

生成底板 A—A 阶梯剖视图的操作步骤如下：

1）单击【剖面视图】命令，弹出【剖面视图】属性管理器。

2）在【切割线】选项组选择①点，选择【水平】切割线形式。

3）在②点处取消勾选【自动启动剖面实体】复选框。

4）单击俯视图左侧边线中点位置③点处，确定第一个剖切面位置。

5）在弹出的快捷菜单中，单击④点处的【单偏移】按钮，进入剖切面转折位置的选择。

6）在适合剖切面转折位置⑤点处单击，确定转折位置。

7）单击⑥点处圆心，确定第二个剖切平面的位置。

8）在弹出的快捷菜单中，单击⑦点（即④点）处的【单偏移】按钮，进入剖切面转折位置的选择。

9）在适合剖切面转折位置⑧点处单击，确定转折位置。

10）单击⑨点处圆心，确定第三个剖切平面的位置。

11）在适当位置单击，放置阶梯剖视图。

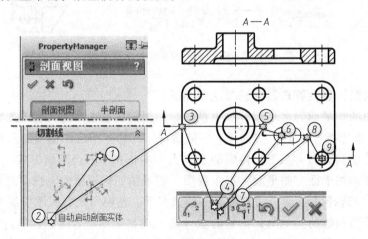

图 9-14　阶梯剖的操作

3. 旋转剖视图

采用【剖面视图】工具可以生成旋转剖视图。

图 9-15 所示的摇杆 A—A 剖视图为旋转剖视图。A—A 剖视图采用相交的水平面和正垂面做旋转剖视，两剖切面的交线是中间正垂圆筒的轴线，父视图为主视图。

生成摇杆 A—A 旋转剖视图的操作步骤如下：

1）选择剖视命令。单击【剖面视图】命令，弹出【剖面视图】属性管理器。

2）选择相交剖切面形式。在【切割线】选项组，单击【对齐】切割线形式，取消勾选

【自动启动剖面实体】复选框。

3）选择剖切面位置。在父视图（主视图）中，依次单击圆心①、圆心②、圆心③，确定两相交的剖切面位置。

4）设置投射方向。

5）在适当位置放置旋转剖视图。采用【剖面视图】工具生成剖视图后，还需要进行一些后期处理，才能得到符合国家标准定义的旋转剖视图。以图 9-15 摇杆为例，说明后期处理的技术和技巧：

1）【剖面视图】工具对两相交剖切面中垂直剖切面剖切的倾斜部分不能做【筋板处理】（SolidWorks 2013 版本）。有筋板纵向剖切的地方需要手动处理：删除筋板所在断面的剖面线；采用【草绘】工具绘制筋板分界线；单击【注释】|【区域剖面线、填充】命令添加正确的剖面线。

2）单击【线型】|【隐藏显示边线】命令将两相交剖切面之间的交线进行隐藏。

3）对于不符合国家标准的细节，利用【草图】工具重新绘制。

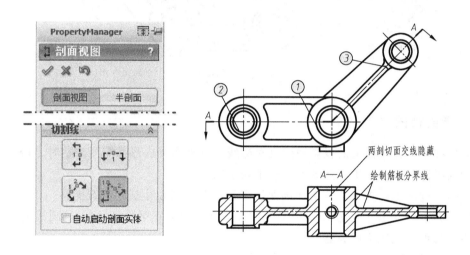

图 9-15 旋转剖视图

4. 斜剖视图

采用【剖面视图】工具可以生成斜剖视图。

如图 9-16 所示的摇杆 B—B 斜剖视图，采用与正平面垂直的剖切面，父视图为主视图。

生成摇杆 B—B 斜剖视图的操作步骤如下：

1）绘制剖切线。在父视图（主视图）中，单击【草图】|【直线】命令绘制中心线作为剖切线。

2）选择剖视命令。单击【剖面视图】命令，弹出【剖面视图】属性管理器。

3）选择剖切面形式。在【切割线】选项组，单击【辅助视图】切割线形式。

4）选择剖切面位置。在父视图（主视图）中，单击绘制的中心线的两个端点。

5）设置投射方向。

6）斜剖视图局部处理。在【剖面视图 B—B】属性管理器【剖面视图】选项组，勾选【只显示切面】（断面图根据表达需要勾选）。

7）在适当位置放置 B—B 斜剖视图。

采用【剖面视图】工具生成剖视图后，还需要进行一些后期处理。一般来说，斜剖视图与斜视图一样，其目的是表达倾斜部分的结构，因此斜剖视图往往也只取投射方向所得视图的真形局部。选取局部的方法一般采用【剪裁视图】工具完成。图 9-16 所示摇杆，因为做 B—B 斜剖视图的目的是为了表达两个圆筒连接部分的断面结构，因此不需要【剪裁视图】裁剪，而是直接生成断面图。

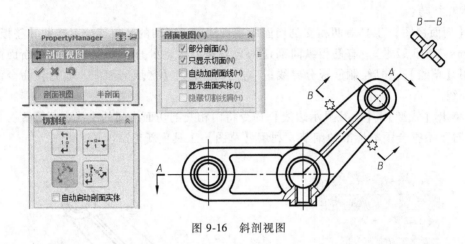

图 9-16　斜剖视图

9.2.6　半剖视图

当零件在基本投影面上的投影视图有对称线，且外形和内形都需要表达时，可以以对称线为界画成半剖视图，一半表达外形，一半表达内形。

在 SolidWorks 工程图中，采用【剖面视图】工具，可以生成半剖视图。

如图 9-17 所示底座，主视图采用了半剖视。剖切面为正平面 A—A，过圆筒的中心。右侧剖视表达内形，左侧不剖表达外形。

生成底座 A—A 半剖视图的操作步骤如下：

1）选择半剖视命令。单击【剖面视图】命令，弹出【剖面视图】属性管理器。选择【半剖面】选项卡。

2）选择投射方向类型。在【半剖面】选项组单击【右侧向上】。

3）选择剖切面位置。在俯视图中单击圆心位置。

4）筋板按不剖处理。在弹出的对话框中对【剖面范围】进行选择，在俯视图上单击右侧的筋板，则在生成的半部视图中，筋板做不剖处理。

5）在适当位置放置生成的 A—A 半剖视图。

采用【剖面视图】工具生成剖视图时，有一些需要注意的地方。以图 9-17 所示底座为例进行说明：

1）当剖切的结构有筋板类特征时，选择了【切割线】或者【半剖面】后，系统会弹出【剖面范围】对话框，在该对话框里，可以通过选择某特征，将其从剖切范围内排除，即该特征做不剖处理。国家标准规定，筋板、轮辐等纵向剖切时，做不剖处理；装配图中，实心轴、标准件沿轴线剖切时，做不剖处理。因此，在【剖面范围】对话框中，可以对筋板、轮辐实心轴、标准件的剖切做正确处理。底座右侧的【筋 2】就是被排除了剖切范围，在半剖视图中自动做了不剖处理，包括筋板区域不画剖面线、自动添加筋板与圆筒和底板之间的分界轮廓线。

2）可以做半剖视的结构具有对称性，被排除的筋板因结构的对称性，往往是镜像特征或者是被镜像的特征。在工程图中，这样的镜像特征当将其一侧特征从剖切范围排除时，会影响表达外形的另一侧特征。因此，这时的筋板不能是镜像或者被镜像特征，应单独生成。

3）利用【剖面视图】工具生成的半剖视图，在其外形侧不能再做局部剖视处理（Solid-Works 2013 版）。例如，底座中底板上的四个圆孔的表达，不能在 A—A 左侧进行局部剖视。

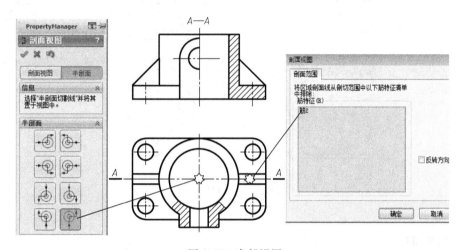

图 9-17 半部视图

9.2.7 局部剖视图

局部剖视图是用剖切面剖开零件或装配体局部所得到的剖视图。

在 SolidWorks 工程图中，利用【断开的剖视图】工具，可以生成局部剖视图。【断开的剖视图】是在一个已经生成的父视图上用一个封闭的样条曲线框截取要剖切部分而生成的。这个父视图不能是【剖面视图】生成的剖视图，例如，在已做半剖处理的半剖视图的外形侧上，不能做【断开的剖视图】（SolidWorks 2013 版）。

如图 9-18 所示的支架，主视图做了两个局部剖处理（分两次操作【断开的剖视图】），局部剖①剖切面为水平面，过前后对称面上的圆孔中心（即支架的前后对称面），局部剖②剖切面为水平面，过支架底板上前部小圆孔中心。两个局部剖的父视图均为俯视图（A—A剖视图）。

以生成支架主视图局部剖视为例，说明操作步骤。

1）单击【断开的剖视图】命令，进入草绘模式。

2）在支架主视图上草绘封闭的样条线，封闭区域包含局部剖需要剖切的部分视图。弹出【断开的剖视图】属性管理器。

绘制封闭样条轮廓线要注意：①必须是封闭的曲线；②封闭样条曲线在断裂处就是局部剖视图中的断裂波浪线，要符合国家标准对断裂边界波浪线的规定。

3）在弹出的【断开的剖视图】属性管理器中，进行剖切面位置的选择。局部剖视①、

②的剖切面位置可以通过在俯视图上单击选择相应的圆孔轮廓确定。

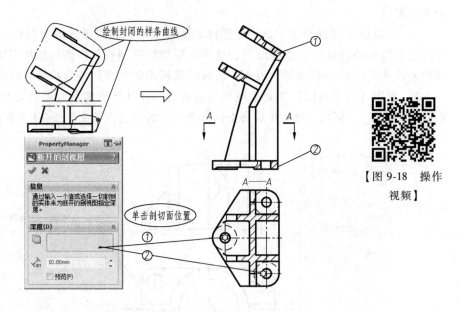

【图 9-18　操作
视频】

图 9-18　局部剖视图

9.2.8　断面图

断面图是假想用剖切面将零件某处切断，仅画出其断面（剖切面与零件接触的部分）的图形。国家标准规定，断面图在两种特殊情况下需要做剖视处理：当剖切面通过由回转面形成的凹坑或孔的轴线时；当剖切面通过非回转面，会导致出现完全分离的两部分断面时。

在 SolidWorks 工程图中，采用【剖面视图】工具，勾选【只显示切面】复选框，可以生成断面图。

如图 9-19 所示轴套有两处生成了断面图。以右端十字孔处的断面图为例，说明操作步骤。

1）选择剖视命令。单击【剖面视图】命令，弹出【剖面视图】属性管理器。在【切割线】选项组选择切割线形式。

2）断面图选项处理。在【剖面视图】选项组勾选【只显示切面】复选框。

3）选择剖切面位置。在主剖视图中单击圆心位置。

4）放置生成的图形。

5）解除对齐关系。用鼠标右键单击生成的图形，在弹出的快捷菜单中单击【对齐视图】|【解除对齐关系】命令。

6）移动断面图至适当的位置。

7）断面图的剖视处理。将当前层设置为可见轮廓线图层，单击【草绘】|【圆】命令绘制圆。

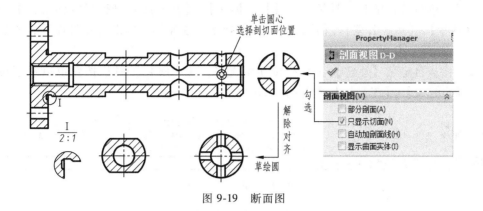

图 9-19　断面图

9.2.9　局部放大图

当某些细小结构在原图上表达不清或不便于标注尺寸时，可将该部分结构用大于原图的比例单独画出。这种图形称为局部放大图。

在 SolidWorks 工程图中，利用【局部视图】工具，可以生成局部放大图。局部视图是在一个已经生成的父视图上用一个封闭的圆截取要放大部分而生成的。局部视图是一种派生视图，其父视图可以是正交视图、空间（等轴测）视图、剖面视图、裁剪视图、爆炸装配图。

如图 9-19 所示轴套，在退刀槽处做了局部放大处理，生成了一个比例为 2∶1（原图比例为 1∶1）的局部放大图。操作步骤如下。

1）单击【局部视图】命令，弹出【局部视图】属性管理器，进入草绘模式。

2）在轴套主视图上退刀槽处草绘圆，圆区域包含放大的部分。

3）在【局部视图】属性管理器中定义比例。

4）在适当的位置放置局部放大图。

9.3　工程图尺寸与技术要求标注

国家标准规定：零件图的尺寸包括定形尺寸、定位尺寸、总体尺寸，尺寸标注要求正确、完整、清晰、合理；装配图要求标注必要的尺寸，包括总体尺寸、规格尺寸、配合尺寸、定位安装尺寸以及重要的尺寸；零件图的技术要求主要包括尺寸公差、表面结构要求（如表面粗糙度）、几何公差（形位公差）、文字"技术要求"；装配图要注释文字"技术要求"。

在 SolidWorks 工程图环境中，根据合理的视图表达方案生成各类视图后，就可以进行标注尺寸、添加注释等后续步骤了。

进入标注尺寸、添加技术要求、添加注释等操作的路径有以下几种方式：

方式 1：采用下拉菜单选择。单击【工具】|【标注尺寸】命令，进行尺寸标注。单击【插入】|【注解】命令，添加各类注释；单击【插入】|【注解】|【孔标注】命令可以对建模时用【异形孔建模向导】生成的孔进行标注。

方式 2：单击【注解】工具栏中的【智能标注】、【孔标注】进行尺寸标注。单击【表面粗糙度符号】、【形位公差】、【注释】等进行技术要求操作。单击【零件序号】等进行装配图操作，如图 9-20 所示。

方式 3：从自定义【注解】工具栏按钮中选择。【注解】工具栏按钮可以从下拉菜单【工具】|【自定义】|【工具栏】中勾选，如图 9-21 所示。

图 9-20 【注解】工具栏

图 9-21 【注解】工具栏按钮

9.3.1 尺寸标注

SolidWorks 工程图提供了智能标注尺寸和手动标注尺寸功能。可以标注"驱动尺寸"，也可以标注"从动尺寸"。在工程图文件中标注的"驱动尺寸"与零件或装配体模型结构双向关联，互为驱动。模型中尺寸更改，将驱动工程图尺寸更改，反之，工程图中驱动尺寸更改，也将驱动模型结构和工程图更改。"从动尺寸"与零件或装配体具有单向关联性，即这些尺寸受零件模型所驱动。

1. 智能尺寸标注

【智能尺寸】工具可以标注零件或装配体的驱动尺寸或从动尺寸。

【智能尺寸】包括尺寸专家【DimXpert】和【自动标注尺寸】两个选项卡。

单击【智能尺寸】命令，弹出【尺寸】属性管理器。

1）尺寸专家。利用尺寸专家【DimXpert】，可以标注完全符合设计意图的各类尺寸，如图 9-22 所示。

2）自动尺寸标注。单击【自动标注尺寸】，进入【自动标注尺寸】属性管理器，如图 9-23 所示。

在【自动标注尺寸】属性管理器中，在【要标注尺寸的实体】选项组可以对要标注尺寸的实体进行选择；在【水平尺寸】、【竖直尺寸】选项组可以对水平、竖直尺寸的标注形式进行选择，包括【链】、【基准】、【尺寸链】几种形式，可以对尺寸放置位置进行选择。

利用【自动标注尺寸】自动生成的尺寸与零件建模的特征方式、特征顺序、草图尺寸标注方式有关，零件建模过程不一定完全表达了设计意图。因此在工程图中需要调整，可采用【DimXpert】进行标注。

图 9-24 是采用【智能尺寸】工具标注的泵盖尺寸。其中的

图 9-22 【DimXpert】选项卡

六个螺栓沉孔标注采用【孔标注】工具。

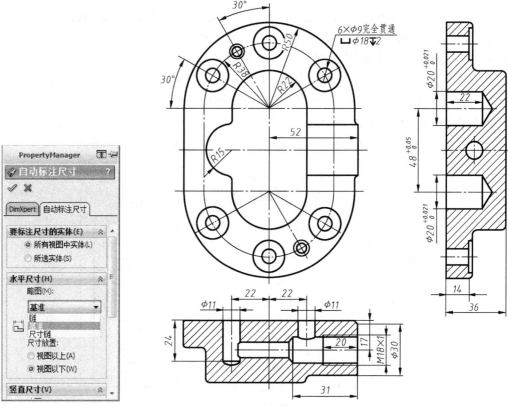

图 9-23　【自动标注尺寸】选项卡

图 9-24　泵盖零件图尺寸

2. 手动尺寸标注

当自动生成尺寸不能全面地表达零件的结构，或者在工程图中需要增加一些特定的标注时，就需要手动标注尺寸。这类尺寸通常为"从动尺寸"。当零件模型的尺寸改变时，工程图中的尺寸也随之改变，但这些尺寸的值在工程图中不能被修改。

单击【工具】|【标注尺寸】|【×】，可以进行手动尺寸标注，如图 9-25 所示。

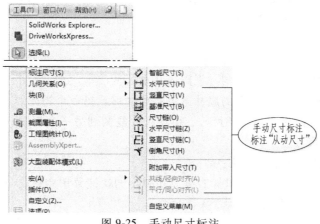

图 9-25　手动尺寸标注

9.3.2 尺寸公差标注

一个尺寸的公差，可以在标注尺寸时设置，也可以在修改该尺寸属性时设置。

1）标注尺寸时设置。单击【智能尺寸】，在视图上单击要标注的实体，弹出【尺寸】属性管理器，在【尺寸】属性管理器中【公差/精度】选项组设置公差。

2）修改尺寸属性时设置。单击已标注的需要加注公差的尺寸，弹出【尺寸】属性管理器，在【尺寸】属性管理器中【公差/精度】选项组设置公差。

如图 9-26 所示为泵盖轴孔的尺寸公差设置。在【公差/精度】选项组，设置公差类型为【双边】，上极限偏差为 0.021mm，下极限偏差为 0mm，偏差小数点位数为 3 位。

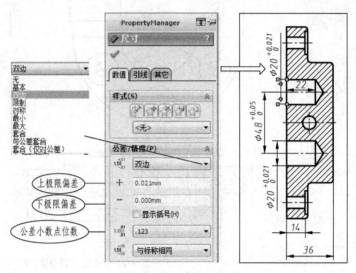

图 9-26　尺寸公差标注

9.3.3 尺寸操作

自动标注的尺寸在工程图上有时会显得杂乱无章，如尺寸相互遮盖，尺寸间距过松或过密，某个视图上的尺寸太多，出现重复尺寸（如两个半径相同的圆标注两次）等。这些问题通过尺寸操作工具可以解决。尺寸操作包括尺寸（尺寸文本）移动、隐藏和删除，尺寸切换视图，修改尺寸线和尺寸延长线，修改尺寸属性。

1. 移动尺寸

移动尺寸及尺寸文本有以下三种方法：

1）拖拽要移动的尺寸，可在同一视图内移动尺寸。

2）按住<Shift>键拖拽要移动的尺寸，可将尺寸移至另一个视图。

3）按住<Ctrl>键拖拽要移动的尺寸，可将尺寸复制到另一个视图。

2. 隐藏与显示尺寸

隐藏尺寸及其尺寸文本的方法：

① 选中要隐藏的尺寸并单击鼠标右键，在弹出的快捷菜单中单击【隐藏】命令。

② 单击【视图】|【隐藏/显示注解】命令。

此时被隐藏的尺寸是灰色，选择要显示的尺寸，按<Esc>键即可将其显示。

3. 修改尺寸属性

修改尺寸属性包括修改尺寸的公差、尺寸的显示方式、尺寸文本、尺寸线等。

如图 9-27 所示为泵盖柱形沉孔的尺寸文本的修改。泵盖周围分布了 6 个相同的柱形沉孔，用来和泵体螺纹连接。在泵盖建模时，用【异型孔向导】特征命令生成了一个 M8 六角头螺栓的柱形沉孔，采用【圆周阵列】命令将柱形沉孔复制成 3 个，再用【镜像】命令镜像。标注尺寸时，单击【注释】|【标注孔】命令标注孔的尺寸，孔的个数显示为 3。需要对此尺寸进行修改。操作如下：

1）单击该尺寸，弹出【尺寸】属性管理器。在【尺寸】属性管理器中有【数值】、【引线】、【其它】三个选项卡。

2）在【数值】选项卡【标注尺寸文字】选项组，将需要修改的孔的个数 "<NUM_INST>" 改为 "6"。

【数值】选项卡中有【样式】、【公差/精度】、【主要值】选项组，可进行相应的修改或设置。【引线】选项卡中有【尺寸界线/引线显示】、【引线样式】等选项组，可进行相关的设置和修改。【其它】选项卡中有【文字字体】、【图层】等选项组，可进行相关的设置和修改。

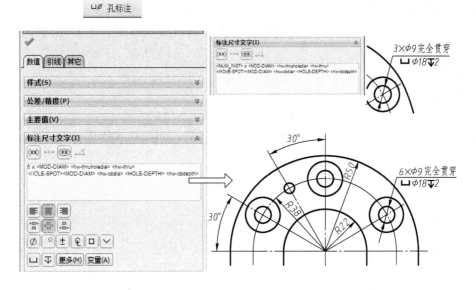

图 9-27　修改尺寸属性

9.3.4　技术要求标注

1. 表面粗糙度

表面粗糙度的标注采用【表面粗糙度符号】命令。操作如下：

1）单击【表面粗糙度符号】，在弹出的【表面粗糙度】属性管理器中定义表面粗糙度符号。

2）放置表面粗糙度符号。

如图 9-28 所示，在【表面粗糙度】属性管理器【符号】选项组定义符号的样式，毛坯面和机械加工面采用不同的符号；在【符号布局】选项组定义粗糙度的评定值；在【格式】选项组可以自定义【字体】；在【角度】选项组定义符号的角度；在【引线】选项组定义引线的形式。

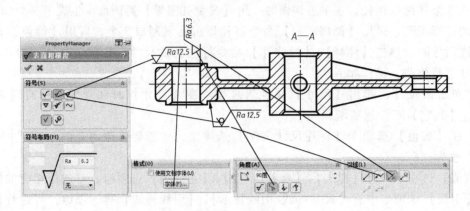

图 9-28　表面粗糙度标注

2. 几何公差

几何公差的标注采用【形位公差】命令。操作如下：

1）单击【形位公差】，在弹出的【形位公差】属性管理器中，定义几何公差的符号、公差值、基准等项目。

2）放置几何公差。

3. 注释文本

工程图中注释文本的添加采用【注释】命令。

在【注释】属性管理器中，可以对文字格式、样式、引线样式等进行设置或选择。

9.4　零件图实例

摇杆结构及零件图如图 9-29 所示。

9.4.1　准备工作

1. 打开或绘制摇杆零件

启动 SolidWorks 软件，单击【标准】工具栏中的【打开】按钮，弹出【打开】对话框，查找"摇杆.SLDPRT"文件，打开。

如果没有生成摇杆实体零件，则建模生成零件"摇杆.SLDPRT"。建模时，M8 的螺孔采用【装饰螺纹】特征建模。

2. 新建工程图纸

单击【标准】工具栏中的【新建】按钮，或者单击【文件】|【新建】命令，弹出【新建 SolidWorks 文件】对话框。单击【高级】按钮，可选 SolidWorks 自带的图纸模板，选取 A3 图纸格式。

如果自己建立了 A3 的图纸模板文件，则在对话框中选择自建模板。

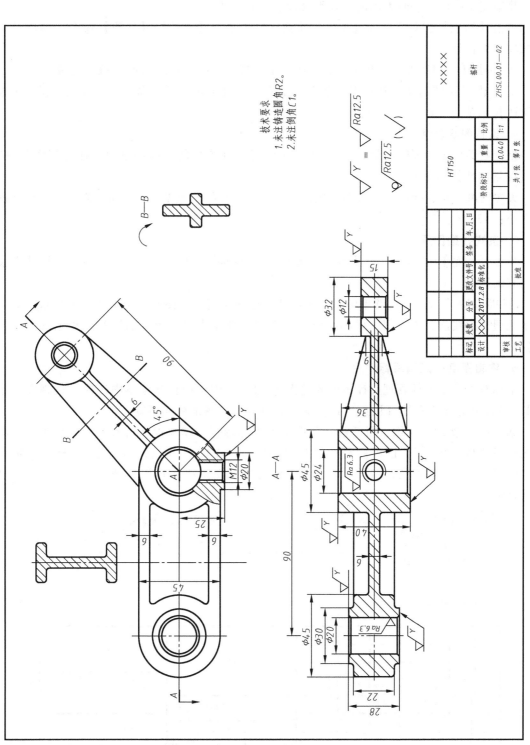

图 9-29 摇杆零件图

3. 设置绘图标准及绘图环境

将新建工程图文件时弹出的【模型视图】对话框取消。

单击【标准】工具栏中的【选项】按钮，或者单击【工具】|【选项】命令，弹出【系统选项】对话框。

① 单击【文档属性】选项卡，将绘图标准设置为 GB（国家标准），确定完成。

② 单击【系统选项】选项卡，单击【工程图】|【显示类型】命令，在【在新视图中显示切边】选项组，单击【移除】。

4. 设置图纸属性

鼠标右键单击特征管理设计树中的【图纸 1】，在弹出的快捷菜单中选择【属性】，弹出【图纸属性】对话框。

设置图纸名称：摇杆；设置图纸比例：1：1；选择投影类型：第1角投影；选择标准图纸大小：A3。

5. 设置线型图层

单击【线型】工具栏中的【图层】按钮，在弹出的【图层】对话框中新建图层或者修改已有图层。

SolidWorks 自带的图层清单中基本上包括了绘图所需要的图层，可根据具体要求，对轮廓实线层、虚线层、细线层、中心线层、文字层、剖面线层等图层的线宽、颜色进行重新设置。

6. 编辑图纸格式填写标题栏

鼠标右键单击特征管理设计树中的【图纸 1】，在弹出的快捷菜单中选择【编辑图纸格式】，或者单击【编辑】|【图纸格式】命令，进入编辑图纸格式环境。

如图 9-30 所示，在编辑图纸格式环境中填写标题栏。填写设计者姓名、设计单位，图纸名称栏填写"摇杆"，图纸图号栏填写"ZHSL00.01-02"（设计者制定），材料栏填写"HT150"。完成标题栏的填写后，单击右上角【编辑图纸格式环境】图标，退出编辑图纸格式环境。

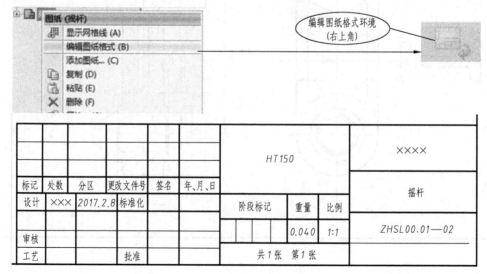

图 9-30　填写标题栏

9.4.2　摇杆视图设计

摇杆零件图由四个视图构成：主视图、A—A 旋转剖视图、B—B 断面图（斜剖）、C—C 断面图。其中，主视图做了局部剖处理。

1. 主视图

1）生成主视图。单击【模型视图】，弹出【模型视图】对话框，在【打开文档】列表框双击【摇杆】。在展开的对话框中进行主视图属性设置。在图纸适当位置放置主视图。生成的主视图如图 9-31 所示。

① 在【方向】选项组中选择【前视】，作为建模主视图方向。

② 在【显示样式】选项组中选择【消除隐藏线】模式。

③ 在【比例】选项组选择【使用图纸比例】。

2）修改主视图名称。在特征管理器设计树中，双击【工程视图 1】，修改名称为【主视图】，如图 9-32 所示。

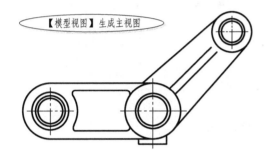

图 9-31　生成主视图

图 9-32　修改主视图名称

3）完善主视图。完善主视图的操作及结果如图 9-33 所示。

① 修正中心线：删除原图中不合适的中心线，设置当前层为【中心线层】，单击【草图】|【直线】命令绘制中心线，并施加适当的几何约束。

② 添加轮廓线：因在系统选项中【移除】切边，导致铸件圆角显示缺失。设置当前层为【轮廓实线层】，单击【草图】|【圆弧】命令添加轮廓线，并施加适当的几何约束。

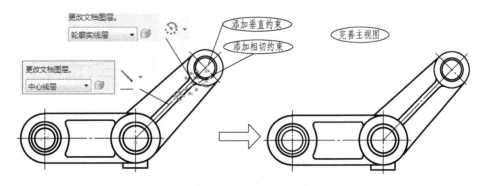

图 9-33　完善主视图操作

2. 主视图进行局部剖视处理

1）绘制剖切区域封闭样条线。单击【草图】|【样条线】命令，在主视图上绘制封闭样条线框（包括要剖切部分）。样条线不与主视图的轮廓线重合，如图 9-34 所示。

2）完成局部剖视。选择绘制的样条线框，单击【断开的剖视图】，弹出【断开的剖视图】属性管理器，在【深度】选项框中输入深度"15mm"，确定完成。

摇杆前后对称，总宽 30mm，深度 15mm 位置剖切面即为前后对称面，正经过局部剖切螺孔的轴线。

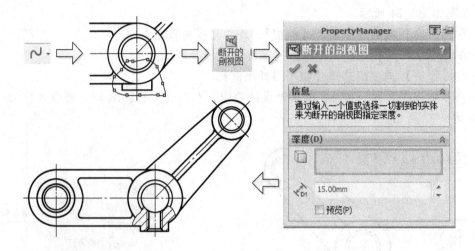

图 9-34　主视图进行局部剖处理

3. A—A 旋转剖视图

1）生成旋转剖视图。单击【剖面视图】，弹出【剖面视图】对话框，在【切割线】选项组中选择【对齐】切割线类型，在主视图中依次单击 3 个圆孔中心。在适当位置放置 A—A 旋转剖视图。生成的视图如图 9-35 所示。

2）完善 A—A 剖视图。如图 9-35 所示。

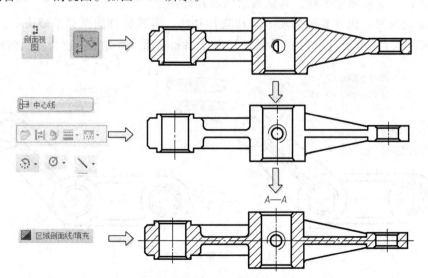

图 9-35　A—A 旋转剖视图的生成与完善操作

① 删除剖面线。

② 进入轮廓实线层，单击【草图】|【直线】命令绘制筋板与圆筒等部分的分界。单击【注释】|【中心线】命令生成圆筒中心线。进入中心线层，单击【草图】|【直线】命令绘制对齐侧（右）圆筒的中心轴线、前后对称线。

③ 单击【线型】|【显示隐藏边线】命令切换两剖切面交线的显示状态，将其隐藏。

④ 单击【草图】|【圆】和【草图】|【圆弧】命令，将螺孔表达完善，并更改合适的线宽、线型。

⑤ 单击【注解】|【区域剖面线/填充】命令生成剖面线。设置剖面线参数，与其他视图的剖面线一致。

4. B—B 断面图

1）生成断面图。单击【剖面视图】，弹出【剖面视图】对话框，在【切割线】选项组中选择【辅助视图】切割线类型，在主视图中单击预先绘制的剖切线。勾选【只显示切面】，在适当位置放置 B—B 断面图。生成的视图如图 9-36 所示。

2）完善 B—B 断面图，如图 9-36 所示。

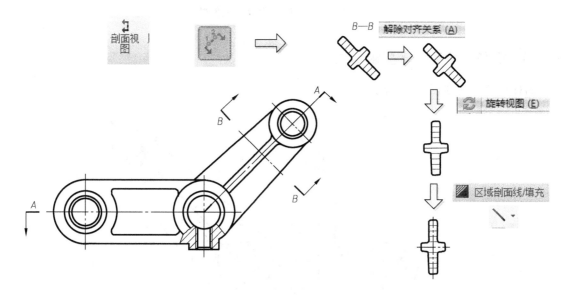

图 9-36　B—B 断面图的生成与完善操作

① 鼠标右键单击 B—B，单击【对齐视图】|【解除对齐关系】，调整视图到适当位置。

② 鼠标右键单击 B—B，单击【缩放/平移/旋转】|【旋转视图】，将视图摆正，重新生成。

③ 单击 B—B 剖面线，删除。单击【注解】|【区域剖面线/填充】命令生成剖面线。设置剖面线参数，与其他视图的剖面线一致。有的版本不需要这一步。

④ 进入中心线层，单击【草图】|【直线】命令绘制断面对称线。

⑤ 在 "B—B" 标注处绘制旋转符号。

5. C—C 断面图

1）生成断面图。单击【剖面视图】，弹出【剖面视图】对话框，在【切割线】选项组中选择【竖直】切割线类型，在主视图中适当位置单击放置竖直剖切线。勾选【只显示切面】，在适当位置放置 C—C 断面图。生成的视图如图 9-37 所示。

2）完善 C—C 断面图。

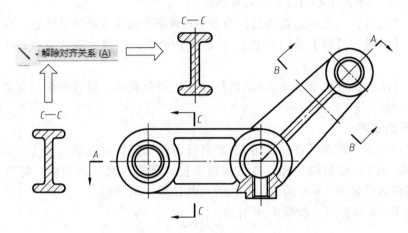

图 9-37　C—C 断面图的生成与完善操作

9.4.3　摇杆尺寸和技术要求标注

摇杆尺寸标注如图 9-38 所示。

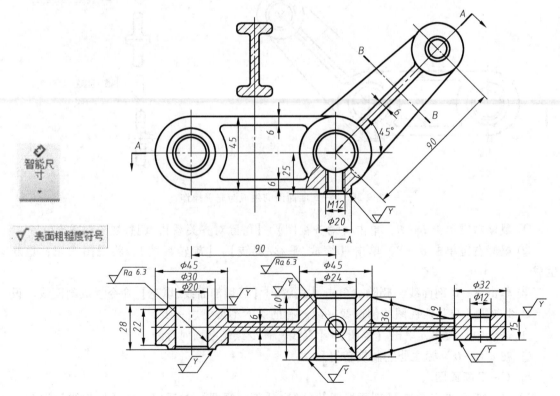

图 9-38　尺寸和粗糙度的标注与完善操作

单击【注解】|【智能尺寸】命令，在主视图和 *A—A* 旋转剖视图上标注相关尺寸。

单击各个尺寸，调整尺寸位置、尺寸箭头方向等。

单击需要修改的尺寸，在【尺寸】对话框中进行修改，如 M12 螺纹孔的尺寸由 "12" 改为 "M12"。

摇杆粗糙度标注如图 9-38 所示。

单击【注解】|【表面粗糙度】命令，输入适当的表面粗糙度值，设置粗糙度各选项，标注粗糙度。

摇杆的文字技术要求和其粗糙度技术要求如图 9-39 所示。

单击【注解】|【注释】命令，在图纸适当位置注写 "技术要求"，在标题栏上方注写其余粗糙度和粗糙度注解。

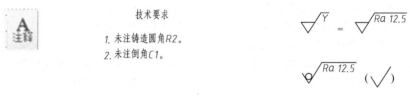

图 9-39　注释的操作

参 考 文 献

[1]　李茗. 机械零部件测绘 [M]. 北京：中国电力出版社，2010.

[2]　钱可强，王槐德. 零部件测绘实训教程 [M]. 2 版. 北京：高等教育出版社，2011.

[3]　蒋继红，何时剑，姜亚南. 机械零部件测绘 [M]. 北京：机械工业出版社，2009.

[4]　詹迪维. SolidWorks 2014 机械设计教程 [M]. 北京：机械工业出版社，2013.

[5]　张云杰. SolidWorks 2013 中文版基础教程 [M]. 北京：清华大学出版社，2014.

[6]　苏少辉. 机电产品数字化设计 [M]. 北京：机械工业出版社，2014.

[7]　吴海艳，王平，王凤云. 机械零部件设计基础 [M]. 北京：中航出版传媒有限责任公司，2013.

[8]　李贵三. 机械设计基础——常用零部件设计 [M]. 北京：机械工业出版社，2012.

[9]　程畅. 典型零部件的设计与选用 [M]. 北京：高等教育出版社，2010.

[10]　边秀娟. 机构零部件设计与应用 [M]. 北京：化学工业出版社，2012.

[11]　杨瑛. SolidWorks 基础教程 [M]. 北京：机械工业出版社，2015.

[12]　辛文彤，李志尊. SolidWorks 2012 中文版从入门到精通 [M]. 北京：人民邮电出版社，2012.

[13]　王旭东，周岭. 机械制图零部件测绘 [M]. 广州：暨南大学出版社，2010.

[14]　杨放琼，云忠. 工程图学 [M]. 长沙：中南大学出版社，2012.